極光飯糰手習帖

免基礎、零失敗的
140道
超人氣料理

極光 著

推薦序
讓人愉悅的飯糰寶典

許志聖

　　生長在大家庭，小時候的我沒有多樣零食可以吃，家母請爆米花攤販爆的爆米花與利用中午剩飯手捏的飯糰，就是我與弟妹們的小確幸，尤其在下雨天的午後，無法外出遊玩，那個飯糰簡直是人間美味。

　　育成的台稉9號推出後，為了讓消費者知道品種食味的區隔，同仁們規畫了飯糰實作的改良場開放日活動，利用當時市面剛推出的三角飯糰模組與同仁們自行調製的配料，讓參與者自己手作三角飯糰，獲得廣大的迴響，甚至在總統府前的活動辦理，也獲得台北市民的喜愛。

　　看來飯糰是個老少咸宜，普獲大眾喜愛的食品，但是極光老師的這本《極光飯糰手習帖》大開了我的眼界。哇，飯糰還有那麼多種！

　　身為稻米育種家的我，每次都會為了自己育成的品種能做何

種料理而傷腦筋，其實這在早期並不是個問題，因爲所有的品種都是煮成飯、粥等食品，稻米只被視爲吃飽的糧食。政府推行良質米有成後，良質品種不斷推出，稻米漸漸被視爲商品，建立區隔與某種料理專用品種已變成是產品行銷的know-how。但是這項品種育成後的推廣行銷工作就有賴米廠、行銷專家、廚藝老師與大廚師們的協助幫忙。

　　極光老師的這本《極光飯糰手習帖》在她自己嘗試做過多種品種的飯糰後，將各種品種適合製作的七種類手捏飯糰製作成雷達圖，讓品種育成者了解自己的品種適合做哪些種類的飯糰，也讓消費者知道要做哪些種類的飯糰要去挑選適合製作的品種，而書本最後的相談室更是以簡潔的Q&A解答了一般大眾的問題。這本《極光飯糰手習帖》也由米質、品種、煮飯、手捏飯糰、餡料製作等一步步的介紹，配合精美的圖片，我想：「既使不懂廚藝的大男人一步步按照書上製作，也會手捏出他喜愛、令他愉悅的飯糰呀！」

（本文作者爲台中區農業改良場退休研究員，
台種9號、台中194號育成者）

推薦序

從米的源頭，到色香味讓人驚豔的飯糰

陳榮坤

　　米飯是我們日常的糧食，除了提供能量來源的醣類之外，還含有均衡的必需胺基酸等營養。日常會吃的麵包、麵食都是以小麥麵粉製成，含有麩質，部分民眾會對麩質過敏，但米飯就沒有這個問題。而且米飯的飽足感夠，有人吃一碗飯就覺得飽，但麵粉製品通常加很多油或糖，會吃下更多熱量。再者，稻米是在地國產種植，品質好又新鮮，多吃米飯有助於台灣在地農業的發展。

　　有人說，米飯不像麵包一樣可以隨時帶著走，而且還需要配菜才好吃，有方便性不夠的缺點。其實飯糰就解決了這些問題！從各大便利超商的飯糰暢銷程度就可以一窺端倪，因為除了便利性之外，少油、大小適中的飯糰更是健康飲食的首選。此外，飯糰最迷人的地方莫過於手工製作的感覺，如果您享用

到專程準備的飯糰，心裡頭一定會感覺暖暖的。

在一次米食活動中認識極光老師，也常在FB社團「極光的自炊食代」欣賞極光老師的作品及心得，身為專業的水稻研究人員也不由得佩服極光老師對米食製作的用心與熱中：不斷地汲取米的專業知識、嘗試不同的米種、發揮各式各樣的料理創意。多次接觸下來，她非農業領域出身，對於稻米的知識專業卻令人驚豔。

食材源頭是最重要的！飯糰的主要材料是米飯，這本書不只像魔法師般提供讀者各式飯糰的作法及注意事項，還從最源頭的稻米品種口感適性介紹、炊飯方法，到餡料搭配皆有詳細而專業的說明。最後還提到飯糰製作時容易發生的問題、困擾，分享解決方法，提供經驗交流，讓飯糰製作變成有趣、美味、健康又溫馨的一椿美事。希望透過推薦這本書，能讓更多人了解製作飯糰是簡單方便的、是多采多姿的，是能夠讓您享受生活的一種活動！

（本文作者為台南區農業改良場嘉義分場分場長）

因飯糰而緣起，
也因飯糰而結緣

一堂影響2000多個家庭的手作飯糰課

在台灣，一走進便利商店，就可看到各式琳瑯滿目的飯糰，整齊地排放在陳列櫃中，只要銅板價25、30元就可輕鬆買到，甚至有升級版的各種聯名款，三角飯糰或御飯糰變成一種唾手可得的方便食物。

事實上，想要在家自己做好像不太困難，市面上也有販售各種模型：三角形、球形、俵形，感覺操作方法簡單方便。

為什麼有那麼多同學想要學習做飯糰呢？而我為什麼仍執著地致力於手作飯糰的教學呢？

一切都是「緣」！上天賜給我的，與大家的連結，與大家的結緣。

記得是2018年一個秋日的午後，和學妹討論在她們主理的烘焙工作室開一堂比較用不到爐火炊具的實作料理課，我想到了三角飯糰。就在走回家到打開電腦打字的30分鐘之內，極光飯糰課第一課的課綱就成形了，甚至米的種類也很快就決定好

了，很幸運地，即使台灣市面上的粳米這麼多，我一下子就找到合適的米。

首發課程秒殺之後，接下來每開課也差不多是一樣的情形，於是為了服務不方便到台北的朋友們，我開始環島的行程，從台北、板橋、鶯歌、桃園、新竹、台中、台南、高雄到台東甚至墾丁開課。四年多下來，教了超過2000人次的極光飯糰第一課，如果不是因為疫情爆發，這堂課影響的，應該不只2000個家庭。

我深信，這一切，都是上天的眷顧和賦予我的使命。

或許大多數人覺得，不過就是捏個飯糰嘛！需要上課嗎？

過去的幾次演講課，應主辦單位要求，現場帶大家手作飯糰，我發現很多人實際操作時是有相當難度的。不但手捏不容易，用模型也不太順暢，不是太鬆散，就是太緊，米飯被擠壓成米糕，包的餡料常常跑出來。針對大家的困擾，我設計了極光飯糰課第一課課綱，為了拉近與大家的距離，初始以「飯糰好朋友」為名。

我開課的目的向來以協助大家回家後可以成功複製為主旨，走的是基礎，簡單樸實以及運用在地食材的路線。同學在掌握了初階的技巧，很自然地要求進階版或變化版的課程。於是，「極光飯糰四課」一步一步成形。

而飯糰也讓我更接地氣。

從米出發，我到處尋找台灣好吃的米、食材乃至醬油，也開始了解台灣的農業政策，甚至上了台灣大學第一屆米食官能品評的課程，並閱讀大量中文與日文，與米相關的營養與科學論文。

重複同樣的內容，做相同的料理，不會膩嗎？不會！我樂此不疲呢！因為每次來上課的同學都不同，而且同學課後的回饋，總讓我超級驚喜與感動。

極光・自炊食代

讓全家都愛上吃米飯的飯糰料理

最常聽到也最開心的莫過於不愛吃飯的孩子，因為吃了媽媽上課捏的飯糰，開始愛吃飯了。如果有媽媽先用家裡既有的米做飯糰，也有孩子會立刻發現，跟媽媽說：「這次的飯和上課的不一樣喔。」同學說：「老師，只要把飯隨意捏成飯糰，孩子們會不知不覺一顆接一顆地吃。」「自從上了老師的飯糰課，我們家個個都成飯桶啦！」

我發現，孩子不愛吃或不肯吃的食物，如果改變作法或調味方式，他們往往會開始嘗試，甚至愛上。所以千萬千萬不要隨意放棄任何一種食材的可能性。

不是說國人食米量年年創新低？政府爲改善糧食自給率，費心地推動各種政策，舉辦各種活動。在上過飯糰課之後，我眞眞切切地體會到推廣米食最直接的方式，就是教大家手捏飯糰了。只要有一鍋飯，利用家裡現成的食材，就可以無極限地變化出千變萬化的飯糰：餡料可豐可儉、冷熱皆宜、可煎可烤、在家吃，帶便當、下酒小菜、野餐、郊遊或登山各種場合都適用。

　　因此，我在心裡小小的發願，如果有機會的話，爲了推廣米食以及爲了介紹各種好吃的台灣米，我願意到全台灣各地教小朋友們捏飯糰，說稻米的故事。

連結風火水土的魔術師

　　做飯糰時，我常會感覺自己好似塔羅牌裡的魔術師，頭頂著數學的無限符號「∞」，利用在地食材，結合風、火、水、土四元素，做出了變化無極限的各種飯糰。仔細一看，無限符號看起來就像是個漂亮平衡的蝴蝶結，正好吻合了飯糰的另一個日文名字「おむすび（御結び）」，也就是「結」的意思。

　　飯糰的日文除了「おにぎり」，

THE MAGICIAN.

另外還稱作「おむすび」，漢字爲「御結び」。

看到「結」這個字我們會想到什麼呢？

中文和日文差不多，有連接、結合、創造、固定、拉緊等多種含義，也用於「連接人與人的關係」「締結合同」等關係和心靈的連接。

把原本鬆散的飯粒，或混入或包入其他食材，或滿滿心意，用雙手沾水抹鹽，輕輕一握，聚攏成形，形成一顆飽滿、蓬鬆充滿空氣感的飯糰，也是「結」。

手握飯糰正是用米飯書寫的情書，連結起風火水土，連結這片土地上重要的人與情、事與物！能藉著飯糰與大家結緣，我何其有幸！也希望大家能再把這份緣分與心意，藉著親手握捏的飯糰傳遞給我們所愛的人。

CONTENTS

PART 1　米飯本事

PART 2　塑形本事

PART 3　餡料本事

PART 4 飯糰本事

CONTENTS

202　煎・烤・炸飯糰

CONTENTS

PART 1

米飯本事

百味之本

　　完美手握飯糰須具備蓬鬆成形卻不散開，目視米飯粒粒分明卻不結團，飯粒透出清亮光澤，口感微黏Q彈，冷食不乾硬且富彈性的要件。因此米的選擇很重要。

稻米的分類

　　生米中約有80%是澱粉質，主要由直鏈和支鏈兩種不同澱粉組成，其組成比例是影響米飯外觀、黏度和口感的主要關鍵。台灣常見米依照直鏈澱粉含量也就是米質的特性，可分為秈米、粳米和糯米3大類。

　　直鏈澱粉成分大於25%的是秈米、粳米約 15%～20%，糯米則為0%～5%。

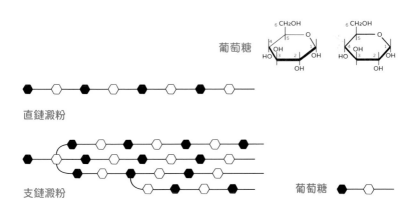

	秈米	粳米	糯米	
			圓糯	尖糯
直鏈澱粉含量	>25%	15%~20%	0~5%	
別名	在來米	蓬萊米	糯米	
形狀	長	圓	短圓	細長
口感	蓬鬆不黏、較硬	具黏性和彈性、較柔軟	濕黏而軟、有甜膩味	具在來米的清香、甜味較淡
消化速度	慢	中	快	
消化完整性	完全	中間	消化不完全	

秈米、粳米和糯米特性比較表

　　我們日常的食用米正是粳米（蓬萊米），煮成的飯，即具有黏性較高、質地較柔軟，以及冷了較不會變硬的特質。因此只要選用粳米（蓬萊米）做飯糰幾乎都會成功。其中較特別的是介於秈粳之間的台中秈10號米，因為是低直鏈澱粉秈米，米飯較一般秈米軟黏，也可以輕易捏握做成飯糰。

　　另外，粳米（蓬萊米）依加工（精米）程度來區分，主要有

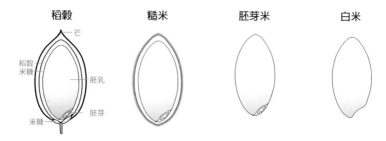

稻穀　　　　糙米　　　　胚芽米　　　　白米

糙米、胚芽米和白米。

某些廠商可客製化精米，在糙米和胚芽米之間保留些許米糠層，依需求碾成五分米或七分米。坊間亦有供應小型的家用精米機供家庭精米使用。

近年流行吃糙米，如果擔心糙米飯較不具黏性，可用部分混加的方式做飯糰。全糙米也可以做飯糰，唯做混餡飯糰時可考慮低直鏈澱粉的台南14號米或台南20號米，成功率更高，口感亦佳。

踏出成功的第一步之後，須知道米飯品質的好壞、口感質地以及冷飯的食味值，對於日式飯糰的美味，皆產生了決定性的影響。

早在清朝，袁枚在《隨園食單》一書中即說過：「飯者，百味之本。」而想飯好吃，首要「米好」。

米飯的美味方程式

米種先決的基因密碼

該如何從眾多粳米（蓬萊米）中篩選出最適合的「好米」，進而煮出好飯？甚至依據不同品系的食味特性，挑選出適合的米搭配合適的飯糰型式呢？

1981年來台指導的日本學者堀末登博士指出了「品種／系」是影響稻米品質最大的因素。

台粳九號米之父，許志聖博士也說：「影響稻米品質的因素有很多，由品種的選擇而至煮飯的過程等，均可影響米飯的品

質，其中影響最大的為品系。」

來自基因密碼，米的主要食味特性因品系而有天生的基本差異。好的品種決定了先天的好品質，不同品種決定了不同食味口感的差異。

人類的膚色、瞳色因人種而異，米飯的外觀和口感也來自於各栽培米品種先天上基因差異而表現出不同的外觀，如大顆粒、米粒細長、心腹白多、圓短；口感如乾鬆或濕黏、軟或硬、特殊香味、甜度以及冷飯的食味表現等。

米的糊化溫度、直支鏈澱粉含量、粗蛋白質含量和凝膠展延性，是影響米飯好吃與否的主要關鍵。口感如何？黏或鬆？軟或硬？有無彈性？有無香氣？何種香氣？甜不甜？熱飯好吃還是冷飯好吃？這些表現都由品系來決定。

過去為了培育一個新的稻米品系，台灣各地的農業試驗改良場所研究人員如同扮演著「神之手」角色，需要透過反覆交配兩個不同品系稻米（母本及父本），各取其基因優點，並進行多期別和異地的栽培實測，確認產量品質、耐旱耐病耐蟲害等項目皆符合標準，並可適應變遷的氣候，穩定生產，才能獲得正式命名。爾後為鼓勵國民食米量，並兼顧「吃得美味」「吃得巧」，迭代培育出多種食味不同的優良粳米品種，以滿足不同味蕾的需求。

如同所有的農產品，同品系也會因栽種地、人、栽培方法和年份等差異，而有所不同。

稻穀不能直接吃，米的加工和儲藏也是兩大關鍵因素，再好

吃的米如果沒有經過專業的加工和正確的儲藏，都可能破壞了原有的品質。加工和儲藏都需要良好的設備，因此地方農會、碾米廠和產銷集團在米的美味方程式中扮演著非常重要的角色。同樣地，包裝、物流、陳列也會影響米的新鮮度。

為了有條理地呈現影響米飯品質的因素，我根據台中農改所的〈良質米推薦品種的特性〉一文中提到的影響米飯品質因素有生產、調製和消費三個階段，稍做補充並繪製了一張圖。

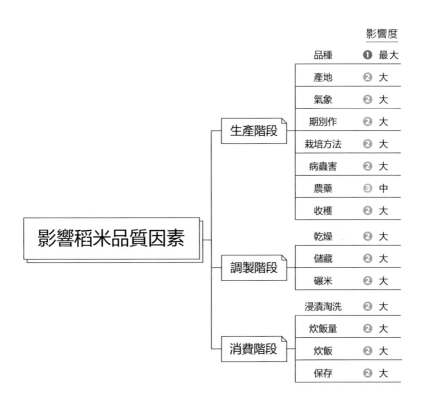

極光飯糰和他的好米朋友們

　　飯糰因爲餡料的形式對於米飯的黏度要求有所不同，且多爲冷食，米飯的黏度和軟硬、冷食口感，都會影響成品的成敗和美味與否。因此米種的選擇更加重要。

　　在米種先決下，茫茫米海之中，該如何選擇？可參考政府推廣的特色米、良質米、比賽得獎米以及有產銷履歷的米，多買幾種親自嘗試。終究，個人喜好和舌頭才是最好的烹飪老師。

　　極光根據多年教學經驗，向大家推薦我喜愛的好米朋友們。

台粳9號米：米中模範，–18℃的美味

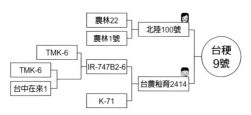

民國82年由台中農業試驗改良場所許志聖博士育種成功的米種，外型及食味優良，已成為往後新米品種食味和農藝表現測試的對照組，稱之為米中模範當仁不讓。

因超商「御飯糰」以台粳9號米品種行銷首見
台灣，而廣為人知。

外型：潔白透明、大粒飽滿
口感：Q彈、軟硬黏度適中
香氣：天然米香
冷食：冷飯不乾硬，更有嚼勁
適合料理：配菜白飯、炊飯、便當和各式飯糰
行走江湖名號：壽司米

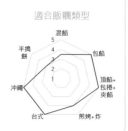

適合飯糰類型

台中194號米：豔冠群芳，一試成癮

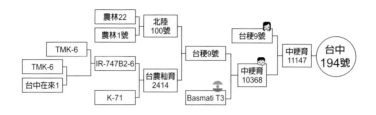

又稱七葉蘭香米，有獨特的七葉蘭香味，為台中農業試驗改良場所許志聖博士混合台粳九號米和印度茉莉香米育種而成，是台灣米第一支有印度香米氣味的品種。需要較費心思與技術照顧，以技術轉移契作專區的品牌米為主流。

外型：小而細長，介於修長的秈米和圓胖的粳米之間，外觀剔透
口感：口感Q彈卻更軟糯和黏密
香氣：七葉蘭香氣濃郁襲人，從生米、熱
　　　　飯、冷飯到冷凍復熱亦芬芳
冷食：冷飯Q黏回彈，晶瑩剔透
適合料理：生米煮粥極為快速且綿密香
　　　　　　濃、代替長糯製作甜鹹米食，
　　　　　　嘉惠吃糯米會脹氣的群族
行走江湖名號：七葉蘭香米、馥米、蠹米、
　　　　　　　　月光之星、竹塘飄香米

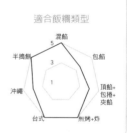

適合飯糰類型

台南16號米：越光米嫡傳

為台南農業試驗改良場所與國立台灣大學農藝學系合作，利用傳統育種方法搭配現代分子標誌輔助選種技術，將台灣在地水稻品種台農67號特有的日照長度鈍感特性導入越光，於101年推出與越光有95%相似度的水稻品種。

外型：米粒小而飽滿，外觀晶瑩剔透，透明度高

口感：煮成的米飯光澤水亮。米飯口感Q黏，富有彈性，甜美回甘。顆粒感、甜味、黏性和香氣完美平衡

香氣：天然的米香

冷食：粒粒分明富彈性，耐咀嚼、富甜味

適合料理：最佳配菜飯，各式米飯料理都適合。適合澆淋濃厚醬汁的滷肉飯、鰻魚飯、丼飯、燴飯和湯飯、茶漬等

行走江湖名號：台灣越光米、鹿鳴米、台南越光米、晶鑽米

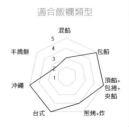

適合飯糰類型

台農71號米：益全香米，唯有霧峰

台農71號取名為益全香米，主要是紀念已故稻米專家郭益全博士耗盡多年心血，由日本種絹光與台稉4號米配種培育而成。

益全香米的米粒短圓飽滿，外觀晶瑩剔透，品質與台稉9號不分軒輊，但軟黏略勝一籌。原產地、主要產地都是台中霧峰，全國其他各地也都有種植，但離開原產地的香氣就稍顯遜色。

外型：米粒短圓飽滿，外觀晶瑩剔透

口感：軟黏

香氣：生米即有芋頭香氣，煮飯時滿室生香

冷食：冷後食感也佳

適合料理：適合做飯糰，也適合熬粥

行走江湖名號：益全香米

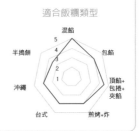

適合飯糰類型

桃園3號米：純種台灣香米，強韌的得獎高手

以台稉2號為父本、台稉4號為母本的桃園3號，是純種台灣香米，結合兩者的優點，桃園3號的米粒外觀渾圓透亮，又散發淡淡的芋香，適合育成地桃園新屋栽種且產量豐富，曾蟬聯多年十大經典好米冠軍。

外型：米粒大而完整，圓潤剔透晶瑩，散發淡淡的芋香
口感：粒粒分明，閃耀著光澤感；黏度，軟硬皆適中，咀嚼間迸發清雅的甜味
香氣：芋頭香氣淡雅久存，儲藏4個月未消散
冷食：口感更Q彈，保水度和香氣絲毫不減
適合料理：配菜白飯
行走江湖名號：新香米、新厝香、大溪米、大賀香米、德穗香米、新屋芋香米

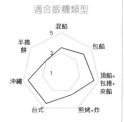

台中秈10號米：最接近粳米的秈米，好呷又未礙胃

接近粳米的秈米。台中秈10留了秈米鬆軟好消化的特性，較高纖維、較不易產生飽脹感，適合吃澱粉容易脹氣的群族。

外型：米粒透明細長
口感：乾鬆清爽，米粒分明，容易咀嚼
香氣：淡淡古早味米香
冷食：鬆軟，咀嚼間有粉質感
適合料理：炒飯、咖哩飯、煲仔飯及搭配南洋料理
行走江湖名號：長秈米、長纖米、長鮮米

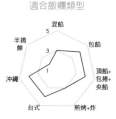

高雄三美：高雄139、145、147號米

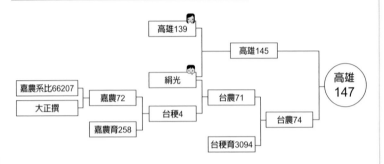

高雄139號米

原以台灣南部為推廣地的高雄139號，卻更適於花東地區栽種，米質與食味均優良，因此列為花東地區的良質米推薦品種。

外型：外型圓短，較多心腹白（米粒側邊有微白色滾邊），因而被稱為「醜美人」

口感：潔白剔透水亮，口感Q黏，媲美日本夢美人

香氣：天然米飯香

冷食：冷食仍軟黏不乾硬，食味尤佳

適合料理：白飯、飯糰都適合

行走江湖名號：醜美人、壽司米

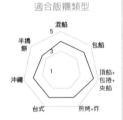

高雄145號米

為了改善高雄139在改良場當地無法適地種植，且米粒大小不一心腹白多的缺點，高雄145以高雄139為母本和日本絹光為父本進行改良，在民國64年育種而成的品種，因此稱為清秀佳人。

外型：粒型整齊，米粒外觀晶瑩剔透，心腹白少

口感：潔白亮澤，口感黏彈濕軟

香氣：天然米飯香

冷食：冷食仍軟黏不乾硬，食味尤佳

適合料理：配菜白飯、便當、飯糰

行走江湖名號：清秀美人

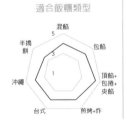

高雄147號米

為最夯冠軍米，以香鑽稱號各地皆飄香。
米粒：心腹白比例較低，外觀晶透好看
口感：擁有出色的黏度與米飯光澤度
香氣：芋頭香
冷食：Q軟，具淡淡芋頭香
適合料理：飯糰
行走江湖名號：香鑽米、清香美人。

適合飯糰類型

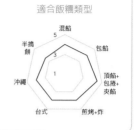

台南14號米： 膚如凝脂，皇后降臨

台南14號介於粳米與糯米之間，支鏈澱粉含量約為10%，是台灣第一支低直鏈澱粉的粳米。初期以推廣糙米為主，因其糙米烹煮前不須浸水，可直接煮熟爛透食用，口感呈軟Q特性，且食味與一般品種差異不大。
外型：呈乳白色
口感：米飯軟黏，彈性佳
香氣：自然的米香
冷食：軟黏
適合料理：冷便當、稀飯
行走江湖名號：牛奶皇后優化品種、
初雪美姬

適合飯糰類型

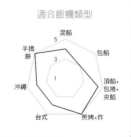

越光米：米中之王，越國之光

越光米原產於日本，片假名書寫為「コシヒカリ」，1956年登錄日本農林編號為「農林100號」。是日本稻米栽種面積最廣的米種，其中以新潟縣魚沼所產越光米的品質最優。

1977年，「大橋牌」創辦人陳俊雄先生首將越光米稻種由日本引入台灣，並當在彰化縣社頭鄉首次試種成功，後再不斷研究改良，採科學化管理種稻，終以台灣種植日本品種的「大橋越光米」開啟台灣良質米的市場。

外型：飽滿

口感：Q黏有嚼勁

香氣：自然米香

冷食：Q彈不乾硬

適合料理：各種料理都適合，極佳的配菜飯

行走江湖名號：米中之王、コシヒカリ

適合飯糰類型

四大購米指南

① CAS（台灣優良農產品發展協會）vs CNS（中華民國國家標準）

農糧署發布的CAS〈市售包裝食米標示說明〉提供了消費者購買米的參考指南。

1. **稻米種類**：分為白米、胚芽米、糙米及糯米等。
2. **品種**：品種按權責單位命名之品種學名或俗名標示，例如台粳9號、桃園3號等。
3. **產地**：稻米種植、生產區域，例如西螺鎮、池上鄉等。
4. **規格或等級**：標示食米的國家標準（CNS）等級或規格。
5. **淨重**：每包總重量扣除包裝袋重量後的食品實際重量。
6. **產期（期作別）**：稻米收穫年期別。台灣地區每年可種植稻作兩期。
7. **碾製日期**：碾米加工後的包裝日期。
8. **保存期限**：食米品質保持新鮮的期限。
9. **碾製工廠**：碾製工廠的名稱、地址、電話等。

② 農產品產銷履歷認證

購買使用產銷履歷農產品標章的產銷履歷農產品。可以從「產銷履歷農產品資訊網」（http://taft.coa.gov.tw）查詢到農民的生產紀錄，代表驗證機構已為您親赴農民生產現場確認所記是否符合所做、所做是否符合規範，並針對產品進行抽驗，而每一批產品的相關紀錄也在驗證機構的監控下，嚴格審視，一

有問題就會馬上處置，因此可以有效避免履歷資料造假，並管控生產過程不傷害環境，及確保農產品食用安全。

如何刷QR CODE

1.找包裝上的產銷履歷農產品標章

2.利用手機照相功能刷QR CODE

3.完整產銷履歷資料清楚明白

③ 信賴的品牌或糧商

米的種植是一大學問，但加工和倉儲管理包裝也不遑多讓，選擇優良的契作集團，從生產、技術、加工到行銷一條龍的標準化管理不啻為好的方式。

④信賴的小農契作或預購

與值得信賴的碾米廠或小農建立關係，以契作或預購的方式購買指定的品系。

炊飯有方

　　每一次洗米煮飯都是一期一會，了解炊飯的原理，就能深入
掌握炊飯的技巧，炊煮出完美的米飯。

澱粉糊化的原理

　　米的組成成分有80%是澱粉，澱粉的完全糊化，是生米變成
美味米飯的關鍵，而這一切正是米加入了水和火兩大要素造成
的化學變化。

　　米粒無法生吃，生米裡的澱粉「βn天然生澱粉」，加水且遇
高溫後，糊化成柔軟的「α糊化澱粉」，這個過程我們叫做α
化，也就是生米煮成熟飯的過程。充分吸收水分的生米粒在加
熱到一定溫度後會完全糊化（熟化），讓原本乾硬的米粒變成
具有甘甜味及黏彈性的米飯。

如果冷卻後放置一段時間，糊化的澱粉會再老化成為較硬的「βr回凝／老化澱粉」。這個過程我們叫做β化，米飯回凝老化的過程。

「水」在洗米、浸米和炊飯水量發生作用和影響力，「熱」取決於加熱方式或 炊飯工具的選擇。

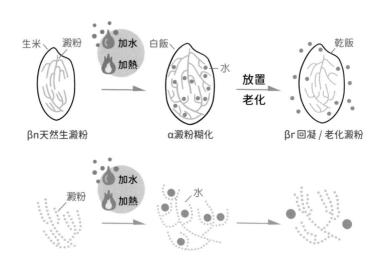

生米如何煮成熟飯

一、洗米

洗米是為了洗去附著於米表面的糠和灰塵雜質，還可減緩米飯的腐敗速度，使飯的味道更好。由於精米技術的發達，現在不用再出力淘米、搓米了。

① 第一道水最重要

乾燥的米一碰到水即開始吸水。

第一道水洗米時,即吸收了洗米過程中約70%的水,因此水中的好壞物質瞬間同時被吸收到米中。

因此第一道洗米水請勿使用含氯的自來水,請用過濾水、山泉水、RO逆滲透水或礦泉水等好喝的水。

② 洗米道具

裝水容器、鋼盆與鋼盆大小相符的細濾網各1個(日本還有講究的竹製米篩網)。

1.調理盆:
　不鏽鋼調理盆。

2.篩網: 選用細目:
　米粒才不會
　漏出來。

有腳:水分更容易瀝
出,傾斜放時,腳可卡
住鋼盆邊緣不下滑。

③ 使用米杯正確量米

1.使用直尺一樣的工具將
多餘的米刮平。

2.不正確的量米方式。

太多 　太少

④ 洗米動作

輕柔而快速，快速換水，洗米過程盡量在2分鐘內完成，以減少洗米過程中回吸洗米水中的雜質。

1.先裝好過濾水。

2.將量好的米放進濾網再浸到裝了水的鋼盆中。

3.以三隻手指頭輕輕攪動米粒，使米在水中游泳，動作需輕柔，旋轉約5~6次。

4.拿起濾網，換水。

5.再次放入裝好的過濾水，以同樣方式淘洗，如此重複3~4次。

6.將瀝網斜放瀝乾約5分鐘。

7.上下輕甩幾下濾網，盡量使米粒中間多餘的水份流出。

TIPS

· 因過濾水流速慢，洗米前可以先裝幾盆水備用。
· 快速洗是為了避免米的養分流失，並且避免在洗米過程中回吸米粒表面髒污和開封後脂肪酸敗與蛋白質氧化的雜味。
· 洗米水呈現白色，是因為米中的蛋白質、澱粉溶出，不是髒水，切勿過度清洗成為清水。

二、預先浸水

　　預先浸水的主要目的是讓整顆米粒平均吸水，透過一定時間的浸水，水預先進入胚乳內部，使胚乳中的澱粉粒充分吸水，達到生米粒的飽和吸水率，待加熱時，米粒的中心和外層可同步糊化完全，也就是生米煮成熟飯，變成Q彈黏、香甜好吃的米飯。

　　先看看精白米橫剖面，胚乳內部大多數是澱粉儲藏細胞。透過一定時間的浸水，澱粉粒才有機會吸飽水份。

　　為了讓大家看清楚米的構造，糙米的剖面圖如下。

糙米由糠層、胚乳和胚芽組成。除去糠層和胚芽（搗精），剩下精白米。

以胚乳中心為圓心，澱粉儲藏細胞由內向外輪狀排列。

每個澱粉儲藏細胞有數個像袋子一樣的澱粉質粒體。
數個澱粉單粒裝在澱粉質粒體中，顆粒狀的蛋白質藏在澱粉質粒體的間隙中間。

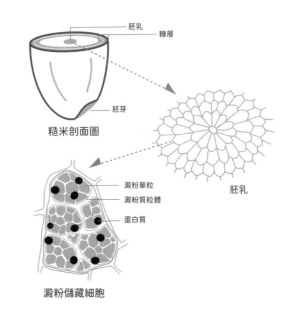

胚乳　糠層

胚芽

糙米剖面圖

澱粉單粒
澱粉質粒體
蛋白質

胚乳

澱粉儲藏細胞

如未經過預先浸水或浸水時間不夠，胚乳中的澱粉粒（米芯）尚未吸足水分，炊飯時，煮飯水率先碰到米粒外層，以致米外層先糊化，米芯卻因為還是乾的，無法和外層同步糊化，造成飯沒有煮熟透，變成內層乾硬、外層太濕軟的狀況，也就是台語說得「米芯嘸透」或有「高低粒」。

① 常見預先浸水法

常見浸泡米有兩種方式：「直接浸水法」和「瀝乾法」。

浸水法	直接浸水法	瀝乾法
與煮飯水關係	浸米水＝煮飯水	浸米水≠煮飯水 浸米水捨棄，煮飯水換新水。
方法	·無浸泡模式炊具（含直火炊飯）： 洗米→瀝乾→浸泡→炊煮模式 ·內建浸泡模式的炊具： 洗米→瀝乾→標準行程＋（浸泡）	洗米→浸泡→瀝乾→快速炊煮 以適量的水浸泡米，浸米水需倒掉，確實瀝乾後，注入新的煮飯水，再進行炊飯。
特色與優點	洗米到炊飯一氣阿成，無須中途計時。 市售電子炊具幾乎已內建浸泡模式，很方便。 省工序且方便，一般大眾及餐廳喜愛採用。	現代日本料理研究家或是米飯達人推薦。 米先浸水非常適合雜炊飯。雜炊飯添加的調味料可能阻礙米糊化，米預先吸收清水，再添加料及調味料炊煮，可確保米飯不受高湯中物質影響而可糊化完全。
對米飯的影響	浸泡水中含有澱粉分解溶出的低分子糖，作用有二： 1.米飯會更甘甜。 2.糖分可阻礙澱粉老化，飯老化變硬的速度較為緩慢。	1.煮出來的飯更有口感，更粒粒分明。 2.米飯不會回吸浸米水的雜質或味道。 3.沒有低分子糖的阻礙，米飯老化的速度相對快。

② 預先浸水的時間

不同品種米的吸米速率不同，新舊米也有差異。浸水時間和水溫是影響吸水率最大變因。首購每一種米時請先參考米袋外包裝的建議，之後再依據經驗和自家的喜好做調整。

台灣的新米，根據我測試的結果，在洗米過程中已吸水重量10%，浸水5分鐘可到達20%，10分鐘可達到25%以上的吸水率，30分鐘後可達飽和吸水量30%，60分鐘和30分鐘幾乎沒有再增加。因此建議浸水時間為最短30分鐘，最長2小時。

浸水的終極目標是為了達到生米的飽和吸水率約30%。水溫也會影響生米吸水速率，因此有夏天浸米30分鐘，冬天浸米1小時～2小時的說法；但因為台灣的冬天除寒流來時溫度較低，需要延長浸米時間之外，其餘比較不需要考慮。

我整理出常見幾種浸水法和炊飯的「米：水量」的比率。

來源	直接浸水法	瀝乾法	炊飯米水比	備註
台中農改場	洗米→瀝乾→浸水30分鐘。		生米重量：水重量＝1：1.35	台灣溫差不大，寒流時再拉長浸米時間。
日本傳統	夏30分鐘，冬60分鐘～120分鐘。		生米重量：水重量＝1：1～1：1.2	
野崎洋光		洗米→浸水15分鐘→瀝乾15分鐘	已浸泡並瀝乾米重量：水重量＝1：0.9	前晚預處理的米冷藏保存，翌晨使用。

※ 資料來源：《極めつきの「美味しい方程式」》「分とく持山」野崎洋光 / 文化出版局。

三、水量

生米和水的比例公式也眾說紛紜，最常見的說法有1：1、1：1.2或1.35，其實都沒有錯，差異來自計量單位的不同。

米水容量比 1:1 ＝ 米水重量比 1:1.2

傳統米的計量單位為1合，承襲傳統，現代米杯1杯＝1合＝180ml水＝150g米。

因此，米水比1：1＝容量比；米水比1：1.2＝重量比，只是度量衡單位的不同。

米水重量比 ＝ 1：1.35 — 極光最推薦

專業連鎖餐廳出餐最需要品質穩定，人為操作產生的變因需事先排除，如洗米後瀝乾水分的控制。採取的加水方式是米洗好，不瀝乾，直接加水秤重2.35倍，浸泡30分鐘，再蒸飯。也就是把飽和吸水量（洗米+浸水）一起算進去。

加水的比例是：

已洗米+水＝生米重量X2.35，也就是1：1.35 米水重量比

單就字面上看，比1：1.2重量比還多，但扣掉隱藏的飽和吸水量，加水重量卻是最少的，大約是 米：水＝1：1.05。所以餐廳煮的飯多半是粒粒分明，適合佐菜、配醬汁和湯汁的米飯。

極光最推薦：不需準備瀝網，不須量杯。秤重較精準，且免除米未瀝乾的變因。

直接浸水法加水量速查表

白米	重量	(已洗米+加水) 總重量
1合米	150g	352.5
2合米	300g	705
3合米	450g	1057.5

米水重量比 = 米1：水〔（已洗+浸泡+瀝乾）米 x0.9〕

同時考慮到米在洗米過程和浸水的吸水量，日本料理職人野崎洋光提出了瀝乾法的米水比例，不再用生米重量為基準，而以「浸泡＋瀝乾」之後的米重量為基準，乘以0.9為加水的重量。這樣的方式，可根據每個當下實際發生的狀況自然滾動微調，不受人為操作、米種或米的新舊吸水率而受影響。

炊飯工具內建水量基準

直接在內鍋洗米，然後依想要的
軟硬度按照刻度加水浸米炊飯，是
日製電子鍋的優點。

四種米水比總加水重量比較

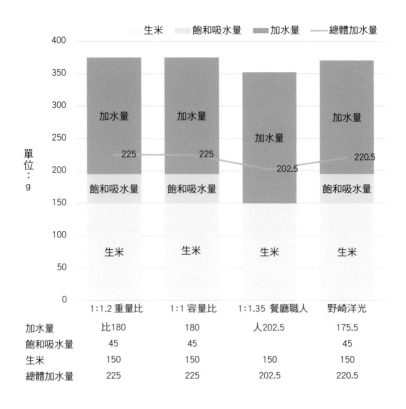

	1:1.2 重量比	1:1 容量比	1:1.35 餐廳職人	野崎洋光
加水量	比180	180	人202.5	175.5
飽和吸水量	45	45		45
生米	150	150	150	150
總體加水量	225	225	202.5	220.5

四、炊飯

電子炊飯工具使用方便，不需顧著爐火，但直火炊飯的效果仍是各種電子產品模仿的對象；而且當停電、電器故障或野外露營野炊時，仍須使用直火煮飯。所以建議家用需得具備兩種炊飯鍋具及直火煮飯技巧，以備不時之需。

電子炊具

傳統電鍋

操作簡單、耐用又多用途，在台灣普及率最高。由於是水蒸氣間接慢慢升溫加熱，米飯受熱不均，糊化不完全的狀況比較容易發生。

電子鍋

市面上的電子鍋主要有以下三種加熱方式：微電腦電子鍋、IH電子鍋、壓力IH電子鍋。

❶ **微電腦電子鍋**

價格較親民，透過底部加熱器加熱內鍋，再利用微電腦控制加熱時間和溫度，但可能受熱不均。

❷ **IH電子鍋**

IH是英文Induction Heating的縮寫，為電磁誘導加熱之意，具有良好的熱傳導效率，可以使用高溫進行烹飪。

❸ **壓力IH電子鍋**

與IH電子鍋的加熱方式相同，但透過加壓來提高內鍋的溫度，使炊飯時間縮短。高火力的熱能直接傳遞到米飯的中芯，使米迅速糊化完全，米飯口感更Q彈和甘甜。

IH電子鑄鐵鍋

同時具有鑄鐵琺瑯鍋的遠紅外線加熱效果，又有火候控制甚至各種加熱模式和溫度和時間設定，是近年熱銷的夢幻逸品。

直火炊飯鍋具

鑄鐵鍋

琺瑯鑄鐵鍋，密閉性佳，鍋蓋厚重，可以自然產生壓力，且導熱均勻，加熱時可產生遠紅外線熱能，直接傳導到食物的核心，炊煮出來的米飯蓬鬆、Q彈；再加上鍋子的餘熱可以讓剛煮好的米飯持續保溫，即使經過一段時間也好像剛炊煮出來一樣美味可口。

TIPS

直徑20公分的鑄鐵鍋	容量2～3合米
直徑22公分的鑄鐵鍋	容量3～4合米
直徑24公分的鑄鐵鍋	容量4～5合米

陶鍋（土鍋）

陶製炊飯鍋具有遠紅外線加熱效果，因為鍋體加厚的緣故，也具有十分優異的保溫性能，加上烹煮中會適度釋放蒸氣，所以米飯不會因為含水量過多而變得濕黏，讓整鍋白米的熟度一致並且擁有蓬鬆口感。

長谷園伊賀二合炊

雲井窯飴釉飯鍋

雲井窯炊煮出的米飯粒粒分明，光澤水嫩。

炊飯方法

1.電子炊具炊飯方法
請按照各器具的使用說明操做即可。

2.直火炊飯方法（適用鑄鐵鍋、土鍋）

❶ 中大火煮滾，密閉性佳的鑄鐵琺瑯鍋勿全蓋密以免噗鍋。

❷ 轉小火加蓋10分鐘，熄火燜10分鐘。

❸ 煮好的飯有螃蟹洞，正是美味的證明。

❹ 在飯的表面畫十字，用筷子將飯由下往上翻鬆，蓋子擦乾或綁布巾使水分不再回滴飯裡，再燜5分鐘。

五、燜飯

炊飯完成，不掀蓋燜10～15分鐘，餘熱讓米粒繼續糊化完成。經過燜飯，使飯粒之外的游離水分和濕氣充分被吸收。惟須注意如果已內建燜飯的炊飯器，則可免除燜飯步驟。

六、鬆飯（每種炊飯工具都需要）

用長筷將飯的表面畫出四個象限。

再用長筷，一個象限一個象限依序由下往上翻，把飯輕輕翻鬆，盡量讓每粒飯都接觸到空氣，且讓沉澱在底部較濕的飯往上翻動，可蒸散游離水氣。切勿使用飯匙，以避免壓到飯粒，使飯粒黏在一起。

掀開蓋子後，上蓋請用乾布擦乾或包一層乾布，再蓋上蓋子，燜5分鐘。

極光的炊飯祕訣

程序	直接浸水法（白米飯使用）		瀝乾法（雜炊飯使用）
洗米	使用軟水，貓掌動作輕柔快速，重複5~6次，2分鐘內完成		
炊具	電子式	直火、電鍋、電子鍋、電子式	
瀝乾	瀝網傾斜瀝水5分鐘		×
加水*	重量比＝米：（米＋水）＝1：2.35		×
浸水**	×	30分鐘	30分鐘
瀝乾	×	×	瀝網傾斜瀝水5分鐘
加水*	×	×	已洗米+水（已洗米*0.9）
炊煮模式或時間	電子鍋：標準模式 IH鑄鐵鍋：標準模式 * 標準模式含浸水時間	直火：中大火煮滾冒大泡泡→轉小火加蓋煮10分鐘 電鍋：外鍋+1.5杯水 電子鍋：快速模式 IH鑄鐵鍋：快速模式	
燜蒸	無內建燜飯模式者不掀蓋燜15分鐘	直火炊煮：熄火燜12~15分鐘 其他電子產品不掀鍋蓋，燜15分鐘	
鬆飯	掀蓋，注意蓋子或內蓋的水分需擦乾。 用長筷在飯表面畫出四個象限，再一個象限一個象限將鍋底的飯一邊由下往上翻，一邊輕輕翻鬆，使飯粒接觸到空氣。 在蓋子或內蓋綁一條薄布巾，蓋回蓋子，再燜5分鐘。		

* 因為米的本身的含水量因新舊、品種、精米度而不同，再者因炊具水分蒸散表現也不同，建議在大原則下做動態調整。尤其是新米（採收一個月內），所含的水分較多，加水量請比平常減少5%~10%。

另外，各人對米飯口感的要求不同，加的水多，飯比較軟黏；加水量少，飯會比較乾鬆。

** 浸水建議：

無論新舊，台灣米或日本米都務必浸水。

保存與復熱

米的保存

1.未開封真空包裝

放置常溫無陽光直射之處保存。

糙米因表層脂肪容易酸敗，即使未開封，最好冷藏保存。

2.已開封請密封冷藏

開封後，原米袋擠壓出空氣，束緊開口或另裝在密封罐（盒）中，放冰箱蔬果室冷藏保存，盡快食用完畢。

更便利的方式，可以分裝成家庭每次炊飯所需的份量，一份一份裝好，再放冰箱蔬果室冷藏。

米飯保存

1.不建議保溫

　　雖然很多電鍋或電子鍋都有保溫功能，但保溫會減損米飯的美味，飯粒很快就會變乾硬，顏色變黃，味道也變差，並失去原有白飯的香氣。

2. 短時間保存：飯櫃（常溫）

　　日本從平安時代即開始有使用飯櫃來保存米飯的習慣。甚至有一說：「只要有飯櫃，飯煮不好也沒關係。」

　　煮好的飯可在半天吃完的，很建議大家使用飯櫃保存。

　　飯櫃大多是檜木或雪杉做成的，有抗菌和約2～3個小時些微的保溫效果，木頭可調節飯的濕氣，還能增添淡淡的木頭香氣。將飯放在飯櫃中，10～12小時之內都還是很美味，不需要繁瑣地分裝再冷凍解凍。

杉木和雪杉曲物飯櫃

陶瓷飯櫃
也有陶瓷材質可選擇，可直接加蓋微波加熱。

3.長時間保存：冷凍

　　當餐吃不完的米飯趁熱冷凍，以求保留濕氣及急速降溫，跳過老化溫度（50℃～5℃）的階段，保持在剛煮好的狀態。切記！冷藏室溫度爲米飯大敵。

溫熱的飯馬上冷凍可維持米飯最佳狀態。

❶ 每份飯120g～150g
❷ 整理成厚度不超過1.5cm的方形，或者也可以先捏成飯糰。
❸ 放在保鮮膜正中間，平整包好。請注意，務必將保鮮膜拉平整，以免在脫除保鮮膜時，保鮮膜因冷凍變脆，很容易碎裂成小碎片，卡在飯粒中間，不小心會誤食。

❹ 標記重量和日期。
❺ 如果冰箱有急速冷凍功能，先放在金屬盤，再急速冷凍。
❻ 最後集中放進密封袋中，放冰箱冷凍。1個月內食用完畢。

三角飯糰也要使用保鮮膜包好。

使用三角飯糰專用矽膠軟盒可直接冷凍或微波加熱，也很方便。

冷凍米飯復熱

1.微波爐

❶ 將包覆保鮮膜的冷凍飯，或裝在矽膠三角飯糰盒的冷凍飯糰，直接放進微波爐旋轉盤中微波加熱。

❷ 脫除保鮮模，放在矽膠製微波專用容器加熱。因為有瀝水小洞墊板，米飯不會因過多水分而變濕軟。

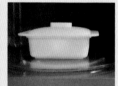

❸ 冷凍米飯微波時間速查表

	冷凍米飯重量＊	微波時間
微波功率600 W	100g	2分30秒
	120g	3分
	150g	4分

＊厚度1.5cm

❹ 微波復熱冷凍飯的優缺點：

優點：省時快速，且飯幾乎保持剛蒸好的口感，粒粒分明。

缺點：因過去輿論的誤導，很多台灣家庭仍不太能接受微波爐。

2.電鍋

❶ 將冷凍飯脫除保鮮膜，放進
碗中，在放在蒸盤上，外鍋
加水，加蓋蒸煮。

❷ 冷凍米飯電鍋復熱加水速查表（冷凍飯糰厚度會影響加熱時間）

	冷凍米飯重量＊	外鍋加水	時間
大同電鍋 6人份	100g	100ml	15分
	120g	120ml	20分
	150g	180ml	25分

＊厚度1.5cm

❸ 電鍋復熱冷凍飯的優缺點：

優點：幾乎是家家戶戶必備廚房電器，很方便。

缺點：冷凍米飯在復熱過程中會再吸收蒸氣。我測試的結果是100g冷凍
飯吸收了15g的水，150g則吸收了14g的水，米飯質地變濕軟了。

150g的冷凍飯吸收了14g的水分　　　米飯變濕軟

PART 2

塑形本事

基本形介紹

常見的日式飯糰形狀有三角形、球形、俵形和太鼓形。因日本各地的風俗飲食習慣而演變成相異的形狀。

大致上的區分為：關東是三角形飯糰，東北是燒烤的太鼓形飯糰，中部是球形爆彈飯糰，關西則是俵形飯糰。每種形狀有各自的優缺點、合適的餡料和用途，學會了可百變應用。

三角形的飯糰在日本開始廣為流行，主要是因為1978年7-11便利商店開發了一種特殊包裝的海苔飯糰，直到開封前都可以保持海苔的酥脆，是現在便利商店御飯糰包裝的前身。

在當時，可說是劃時代的發明，成為熱門話題，形成流行與跟風。爾後，絕大多數的日本媽媽製作飯糰，幾乎都是三角形。而每家便利商店更視御飯糰為鮮食主力商品，不斷地推陳出新，每每創造許多話題與經濟奇蹟。

如果可以的話，請務必每種形狀都練習試做看看，不一定要做成三角形。熟練之後，在日常生活裡便可以隨心所欲地據搭配的器皿或容器來選擇適合的飯糰形狀。

三角形

現代的主流，是最標準的形式。具有容易拿取和容易食用的優點。因餡料包法和海苔的捲法而有各種變化。但因為形狀之故，在盛裝容器的選擇和盛裝方式需要研究。

球形

直到江戶時期還是標準形式。球形的握捏幾乎人人天生就會的，不太需要後天學習，而且世界上很多國家有球形飯的料理。圓圓的球模樣可愛，大型的可以包進大塊食材，如整顆蛋；小型的精緻如手毬壽司或混料的棒球飯糰。

太鼓（圓）形

像車輪或圓盤般的太鼓形據說是為了可以塗味噌，穩定地在烤網上烤壓扁的球形飯糰變形。太鼓形比三角形容易成形，混拌餡料、包餡或鑲餡也很適合。

俵形

像米袋和一貫錢的圓柱體形狀，放在四方的便當盒，比較不浪費空間。因此常用來做看戲的幕之內便當。尺寸小巧適合混香鬆、芝麻或海苔粉類的細碎食材，市售便當常常只有撒黑芝麻鹽而沒有捲海苔。

以俵形飯糰為代表的為關西及其以西的地區。江戶時期的書裡記載，京阪的飯糰正是上面有黑芝麻的俵形飯糰。大阪被稱為世界廚房，文化興盛，當地居民養成了觀劇的娛樂習慣，而看戲時吃幕之內便當更成為一種時尚。因為是一口大小且方便使用筷子夾取，幕之內便當（觀劇便當）和鐵路便當也都以俵形飯糰較為常見。

刻意練習

　　握好的飯糰，無論是哪種形狀，應該是飯粒間蓬鬆充滿空氣感，米飯粒粒分明且晶瑩剔透。

　　塑形看似簡單，實則需要一分天份加上九分刻意練習。刻意練習手勢、刻意練習握捏的巧勁、刻意練習與不同的米飯對話做成不同形式的飯糰。

　　還有刻意的輕・鬆・自・在。

　　可能源自於閩南語中的「捏」台式飯糰，製作日式飯糰時，多數人習慣說成「捏」飯糰。但是「捏」這個動作，很容易誤會成要用雙手使勁地把飯糰壓緊捏緊才能成形，以致不知不覺間就把飯糰捏成米糕了。

　　日文中的「おにぎり」寫成漢字是「御握り」，所以日式飯糰是用「握」的，不是用捏的。「握」飯糰時，手其實不需出力，手是天然的模型，把手勢擺好，接著輕壓、滾動、轉動，輕輕地讓飯在雙手間成形。只要選對米，煮好飯，輕鬆握飯糰不是難事。

一、塑形

準備工作：溫熱白飯150g、飲用水1碗、
手鹽1小碟、適合飯糰大小的平茶碗1個

三角形

❶ 取平茶碗，碗面抹水沾
濕。

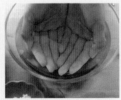

❷ 雙手沾濕，手掌需浸泡到
水中。

❸ 沾手鹽：飯150g沾3指
鹽、飯100g沾2指鹽、飯50g
沾1指鹽。

❹ 鹽在雙手掌間均勻抹開。

❺ 將溫熱白飯放進碗中，翻
兩三次，使飯糰表面光滑平
整。

❻ 將碗中白飯立起，剛好放
進手掌形成的V字形中，以
調整飯糰的厚度。

❼ 左手輕壓調整厚度，右手折成120度角旋轉飯糰以塑形，勿用力，使飯糰在雙手的手勢
中自然成形。

❽分解動作：有點像拋接似地一邊轉動飯糰，一邊保持握飯糰手勢，使之形成三角形。

❾大致成形後，將飯糰平放在兩掌之間輕壓表面，使表面平整。

❿喜歡飯糰角度較銳利者，可以再用虎口塑形。

⓫完成

太鼓（圓）形

❶雙手沾濕。

❹取想要的飯量放在手掌上。

❼平放在雙掌間整形。

❷沾手鹽。

❺飯放在左手掌V形夾子中，把飯稍微壓扁。

❸手鹽和水在雙手均勻抹開。

❻飯糰輕夾在左手掌中，右手呈圓拱狀將飯糰同向旋轉滾圓。

❽完成

俵形

❶ 手沾濕。
❷ 抹手鹽。
❸ 鹽和水在雙手中均勻抹開。

❹ 將飯放在左手掌窩中,輕輕握拳似地,將飯糰握成梭子形。

❺ 右手食指與中指伸直併攏,一邊將飯旋轉,一邊用雙指將梭子狀的飯糰盡量壓整圓柱形。

❻ 飯糰一邊在左手掌中旋轉滾動,一邊用右手拇指和食指中指在兩端稍微輕壓,捏塑成圓柱體。

❼ 完成

二、餡料

餡料包進飯糰的形式左右著飯糰握捏的困難度，因此本書的章節安排以餡料的呈現方式作為分類，詳細的分解動作也會呈現在每個篇章的說明之後。

1.混餡
2.包餡
3.頂餡・包捲・夾餡
4.煎・烤・炸
5.台式飯糰
6.沖繩握飯糰
7.半搗餅

三、包海苔

上課時，為了讓學員們印象深刻，我會以幫飯糰穿衣服來形容幫飯糰包海苔。

包海苔的功能：
1.便於拿取不沾手。
2.保濕。
3.穿了衣服的飯糰不會因飯粒
　接觸空氣變乾而裂開散掉。
4.增添風味。

現在也流行混拌豪華餡料的飯糰，而完全不包海苔，目的是讓餡料被看見。

或許是受到便利商店商品的影響，學員總是會詢問如何保持包飯糰海苔不濕軟。其實在日本，如果是家裡做的飯糰，通常不太講求海苔要保持酥脆，除非是現做現吃。市面上也有專賣便利商店用的三角飯糰包裝海苔，但是這種海苔的等級，我詢問過，通常都是較低等級的海苔。再來，也因而製造許多一次性的塑膠垃圾，所以我並不是很推薦。

既然都自己做飯糰了，飯和鹽都是嚴選，飯糰的門面擔當海苔怎能將就？物以稀為貴！海苔界最有名的便是日本有明海產的海苔了，大家也可以多試試幾家，找出最符合家人口感的海苔。

如果家中有年紀小的幼童，要特別注意海苔是不是太厚，纖維是否太粗韌，因為乾燥時海苔可以輕易咬斷，但是受潮後，纖維太過強韌的海苔可能對牙口不好的人來說是挑戰。

另外，包飯糰的海苔請選用無調味的燒海苔，更能展現自製飯糰的滋味。市售品尺寸有全切和半切，枚數以10片居多。購買時勿貪多買業務用，以免受潮。受潮的海苔，可以使用平底鍋乾鍋烤一下，或是開瓦斯爐火，手拿著海苔在爐火上方烤一下，海苔立刻就會回復乾燥與酥脆。

海苔有分正反面，當然是要把好的一面（正面）露出來，比較醜的反面就藏拙囉。

海苔的尺寸

市售一整張未裁切的海苔稱之為全形，為長邊21公分，短邊19公分的長方形。從長邊對折，裁成一半稱為半切。海苔有正反面之分，見下圖。

正面：表面較光滑，壓線突起。

反面：表面粗糙，有明顯紋路，壓線內凹。

海苔的切法

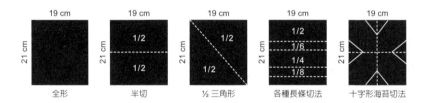

 TIPS

海苔包飯糰的力道務必輕柔，否則太緊的海苔因為受潮而將飯緊緊黏住施加壓力，而沒有海苔的飯卻蓬鬆沒有壓力，兩邊壓力差太大之下，海苔切面在飯糰表面上形成切割線而產生裂痕。

海苔的包法

三角形飯糰的和服式包法

這種包法在台灣較少見，在課程中我一定會讓大家試試看，好看又風雅，深受同學們喜愛。由於像日式和服，曾在課堂上被熟知日本文化的同學貼心提醒需右襟下左襟上，如果相反的話是亡者的穿法。如果總是記不得，記得海苔交叉線像小寫 y 即可。

材料 ｜ 三角形飯糰　150～160g
　　　海苔（½三角形）1張

❶海苔斜邊（弦）與地平線平行，直角朝下，將飯糰三角形的一角頂點對準海苔斜邊，平放，左右銳角等距。飯糰位置可因海苔大小而上下平移調整。

❷將海苔直角往上折，輕輕貼在飯上。

❸海苔右邊銳角對準三角飯糰左底角，海苔左邊銳角對準三角飯糰右底角貼合即可。如擔心海苔掀起可用飯粒黏貼。

三角形飯糰的便利商店式包法

日劇常會看到一種畫面，就是媽媽捏了一大盤白色三角飯糰，飯糰貼著一張半切燒海苔（並沒有包起來），排成一排在盤子裡，直接上桌，讓家人拿著吃。這是一種最親民最方便的海苔包法。

材料 ｜ 三角形飯糰　150～160g
　　　海苔（半切）1張

❶半切海苔一枚。

❷飯糰直立在海苔中央，兩邊海苔往上折。

❸海苔順著三角形邊緣貼合在飯糰上，另一邊也同樣包起。

三角形飯糰的大披肩包法

如果三角飯糰較小時，想露出白飯，但又擔心飯糰裂開就可用這種包法。

材料 | 三角形飯糰　75～80g
海苔（3切或4切）1張
可用3切或4切的海苔包較小的三角形飯糰，底部和旁邊多餘的海苔再收邊即可。

❶ 三角飯糰平放底邊與海苔對齊或依照想要露出的飯糰比例上下平移調整。

❷ 左方海苔對準三角形底邊中心點貼上，超出來的海苔往內折好收在下方。

❸ 再重複動作❷把右方海苔也包好。

三角形飯糰的圍巾包法

材料 | 三角形飯糰　60～80g
海苔（8切）1張

❶ 三角飯糰平放，海苔條置於其下。

❷ 海苔右邊往三角飯糰底邊中心點折，超出底邊部分往下折貼住底邊。

❷ 左邊重複以上動作，即完成。

三角形飯糰的遮羞布包法

有時想露出整顆飯糰的美麗餡料，但又想要手持飯糰不沾飯粒時請用遮羞布包法，這也是剩餘海苔最好的消化方式。

材料 | 三角形飯糰　喜愛的大小數個
海苔　請依飯糰大小或喜愛的寬度長短裁切

依想要視覺效果，將海苔裁切成長條狀，包住三角飯糰底部。

太鼓形飯糰的海苔包法

① 滾邊法（也適用於三角飯糰）

材料 ｜ 太鼓形飯糰
　　　 海苔　適當大小

❶ 海苔寬度根據　❷ 如太短可以將　❸ 以滾輪的方式將海苔圍繞飯糰一圈。
飯糰厚度裁切。　　兩段用飯粒黏接
　　　　　　　　　起來。

② 上下包覆

材料 ｜ 太鼓形飯糰　75g
　　　 海苔約大於太鼓直徑的小正方　2張

❶ 太鼓飯糰平放在　❷ 覆蓋另一張海苔　❸ 再將海苔捏合即
一張海苔上。　　　注意需直角交錯。　可。

俵形飯糰的海苔包法

最常運用在便當的俵形飯糰大多無餡料，包海苔可增加風味和便於拿取，海苔的寬度則依個人喜好決定。

材料 ｜ 俵形飯糰　喜愛的大小
　　　 海苔（6～8切）　1條

❶ 飯糰放在海苔中央。　❷ 捲起貼合即可。

球形飯糰的海苔包法

① 沾滾碎海苔
（也適用於各形飯糰，碎海苔適合牙口不好的人）

材料 ｜ 球形飯糰 40g
　　　碎海苔 適量

將海苔剪碎或撕碎放進碗中，再放進飯糰使之沾附海苔碎片，直到飯糰表面沾滿海苔片為止。

② 包覆十字形海苔

材料 ｜ 球形飯糰 40g
　　　海苔（十字形） 1張

❶將海苔裁切成十字形。　　　　　　　　❷飯糰放在海苔中央。

❸依序將十字一角往上貼合，再重複以上動作，邊緣可重疊，　　❹完成。
直到飯糰完全被包覆。

PART 3

餡料本事

即席柴漬

「柴漬」和「酸莖漬」與「千枚漬」同為京都最有名的三大漬物。古法最初只用鹽、紅紫蘇葉和茄子製成的發酵漬物，可長期存放。後來演變成加醋的即席漬物，方便家庭自行製作。

原始的配方裡有囊荷，日語叫茗荷（みょうが），也是薑的親戚，呈現胭脂色、有淡淡薑味。因為台灣不好買，於是我用嫩薑取而代之。

柴漬可以配飯或稀飯吃，也可以切碎了拌在飯中捏成飯糰、切碎末配豆腐，搭配肉類吃時解膩清爽，加在美乃滋裡成為柴漬塔塔醬也很爽口。

材料	茄子 2條	**紅紫蘇汁**
	小黃瓜 3根	紅紫蘇葉 30g
	嫩薑 1條	鹽 6～10g
	鹽 蔬菜總重量的2%	醋 2大匙

作法

❶ 茄子、小黃瓜洗淨擦乾表面，切薄切片，嫩薑切絲。全體用重量2%的鹽抓醃1小時，去澀水，放醃漬瓶中，上壓重石，放冰箱醃漬1小時。

❷ 鹽分兩次，抓醃紅紫蘇葉，去第一次和第二次的澀水。留下一小團紅紫蘇葉。

❸ 紅紫蘇葉加醋，染成紫紅色汁液。

❹ 取鹽漬蔬菜，倒掉出水，再盡量將蔬菜擰乾。

❺ 拌入紅紫蘇醋汁，上下翻勻，再壓重石，放冰箱冷藏2天。

❻ 期間可以再取出上下翻拌，使蔬菜染色均勻。

紫蘇脆梅

和台式的脆梅不同，日式的紫蘇脆梅利用紅紫蘇葉
染上美麗的紅色，因為加了糖，比日式醃梅還好入
口。包在飯糰裡，顏色誘人，清爽可口。每年青梅
季來臨時，我必做的梅仕事。

材料	青梅 1kg	冰糖 300g
	醃梅用鹽 100g	紅紫蘇 300g
	醋 1大匙	紅紫蘇用鹽 20g

作法

【青梅去澀＋鹽漬】
❶ 青梅泡水一晚。
❷ 擦乾水分，去籽，用小刀將梅肉6～8等份取下。
❸ 放入消毒乾淨的醃漬容器中，加入鹽，混拌均勻，覆蓋保鮮膜，上壓盤子再加重石，等鹽融
化，滲出梅醋，約需2～3天。期間可上下翻拌。
❹ 加入已去澀紫蘇，翻拌均勻，每天都上下翻一次。
❺ 約一周後即可食用。

【粹取紅紫蘇汁】
❶ 紅紫蘇葉洗淨擦乾，加一半鹽搓揉，擠壓出澀水。
❷ 再加另一半鹽，再重複搓揉擠壓出澀水。

汆燙蔬菜和蔬菜花

材料	芥藍菜花、甜菜花、青花筍的花、花椰菜皆可 3～4株
	鹽 1小匙

作法
❶ 蔬菜用薄鹽水汆燙瀝乾後，加1小匙鹽調味，將花和粳分
開備用。青花筍和花椰菜請汆燙2分鐘，葉菜類汆燙1分鐘
起鍋泡冰水。
❷ 花椰菜花的切法見下列分解圖。
❸ 夏季時，汆燙蔬菜可以改用小黃瓜代替。將小黃瓜切薄
片，用小黃瓜重量1%的鹽醃1小時以上，擠乾澀水備用。

鹽烤鮭魚片和鮭魚鬆

材料 | 鮭魚 半切
| 鹽 1/3小匙

醃料 | 酒 1大匙
| 鹽 1小匙（也可以用鹽麴、醬油或醬油麴代替）

作法
❶ 鮭魚用酒和鹽醃漬，放入冰箱冷藏，醃漬一夜。
❷ 放入烤箱，放在烤網上，下接烤盤，用攝氏200度烤10分鐘。
❸ 鮭魚去皮和皮下的血，如果使用輪切請去刺。
❹ 將鮭魚肉盡量順紋理，切成一片一片的鮭魚肉片，如果很油，可以用紙巾把多餘的油吸附掉。
❺ 處理好的鮭魚肉片可再撒鹽調味。冷藏3天內食用完畢。冷凍可放1個月。

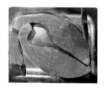

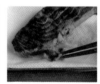

蜜汁柴魚香鬆

老少咸宜，飯糰課後同學實作率最高，萃取柴魚昆布高湯後的剩餘食材再利用，CP值絕讚。

材料 | 乾燥柴魚或萃取高湯後的柴魚 30g
| 昆布 10平方公分
| 炒香白芝麻 2大匙

調味料 | 醬油 1大匙
| 味醂 1大匙
| 砂糖、麥芽糖、蜂蜜、楓糖皆可 1大匙
| 水 2大匙

作法
❶ 昆布切成1公分細絲，乾柴魚用手抓捏成較小片，濕柴魚用剪刀剪碎。
❷ 將所有調味料調勻，到入鍋中煮滾，呈現大泡泡狀。
❸ 一口氣加入柴魚碎和昆布絲，轉小火，繼續翻炒。
❹ 待醬汁收乾，並呈現焦糖色澤，加入芝麻，拌勻並熄火。

肉味噌

材料 | 梅花豬絞肉 300g
冷壓白芝麻油 適量

調味料 | 薑汁 1大匙
低筋麵粉 少許
醬油 2大匙
味噌 1大匙
味醂 1大匙
糖 1/2小匙（可省略）
料酒 1大匙

作法
❶ 絞肉放料理缽，加入調味料，拌勻。
❷ 熱油鍋，下豬絞肉，一面翻炒，將豬絞肉攪散，炒至均勻收汁為止。

菜種卵

模擬春天黃澄澄的油菜花，將蛋炒成鬆鬆軟軟的蛋鬆。可以直接鋪在飯上成為丼飯，也可以和其他菜色搭配，作為飯糰的配料也很棒。

工具 | 料理長筷 2雙

材料 | 雞蛋 2個
糖 1/2 小匙
鹽或淡口醬油 少許

作法
❶ 雞蛋打散，加入調味料，繼續攪拌，使調味料溶解，與蛋液均勻混合。
❷ 平底鍋用小火加熱，倒入油，使油溫熱。
❸ 一口氣倒入蛋液，用兩雙筷子快速攪拌，把蛋攪散。
❹ 轉中火，蛋液開始凝結時熄火，利用餘熱使蛋熟。

炒酸菜

材料 | 客家酸菜 200g
薄糖水（砂糖：水＝15：200）
大蒜 1瓣
紅辣椒 1支
料理油 1大匙
米酒 1大匙
二砂 1大匙

作法
❶ 酸菜洗淨，稍微擠乾水分，切成碎末，泡薄糖水10分鐘，擠乾備用。
❷ 大蒜切末，紅辣椒去籽切末。
❸ 鍋中加1大匙油，加入蒜末和紅辣椒末，炒香。
❹ 加入酸菜末，小火炒至酸菜爽乾無水氣，嗆米酒，再加二砂，繼續翻炒3分鐘即可。

基本唐揚雞

唐揚雞就是日式炸雞，基本的日式炸雞通常是鹽味，如果加了醬油的則稱為龍田揚，兩種都適合包飯糰。特別奇妙的是單單吃炸雞可能覺得稍微油膩，但是包在飯糰裡，油脂、肉汁、酥脆的炸衣和白飯竟交融出和諧又各自美味的食感，海苔的海潮味和紫蘇都有加分效果，是我最愛的飯糰之一。

材料	去骨雞腿排 1/2片（約200g）	炸粉
	雞腿排醃料	太白粉 4大匙
	醬油 1大匙	低筋麵粉 2大匙
	牛奶 2大匙	
	酒 1大匙	
	薑泥 1小匙	
	大蒜泥 1瓣份	
	鹽 1/3小匙	

作法
❶ 去骨雞腿排切成5塊。
❷ 用醃料醃漬半小時。
❸ 醃好的雞塊瀝乾汁液後裹上炸粉（請在炸之前裹粉）。
❹ 第一次炸，用攝氏170度的油溫炸3分半鐘，取出放在濾油網上，等待5分鐘。
❺ 開大火，待炸油升溫至攝氏180度，將炸雞塊全數放入油鍋中，炸1分半鐘。
❻ 撈出炸雞塊，瀝油待涼。

自製濃厚麵露

濃厚麵露的好處是保存期限可以長一些，而且稀釋後可以用在涼拌、湯麵底和壽喜燒等等其他菜餚的調味，非常萬用的調味料。

材料	醬油 200ml
	味醂 200ml
	酒 100ml
	昆布 5g
	柴魚花（鰹魚片） 20g

作法
❶ 所有材料煮滾，3分鐘後熄火。
❷ 用濾紙過濾，冷卻裝在已消毒的容器中，置冰箱冷藏2週內使用完畢。

薄蛋皮

薄蛋皮可用來包裹飯糰，另外還可以切成細絲成為
錦系蛋，鋪平在飯上、混拌在飯裡或直接用飯糰沾
裹蛋絲，顏色好看討喜又有營養。

材料	雞蛋 2個（L尺寸）	調味料	太白粉 1/2小匙
			水 1小匙
			鹽 1小撮
			糖 1小匙 （亦可省略）

作法
❶ 先調太白粉水。
❷ 蛋加入鹽和糖，用打蛋器打散。
❸ 用細篩網過濾蛋液。
❹ 加入太白粉水，攪拌均勻。
❺ 平底鍋開小火加熱，用廚房紙巾沾油，均勻塗抹在鍋面上。
❻ 倒入50ml的蛋液，快速左右傾轉鍋子，將蛋液攤開。
❼ 待蛋液凝結，用筷子輕撥蛋皮邊緣，確定蛋皮不沾黏在鍋子上。
❽ 熄火，再翻面，即可起鍋。

  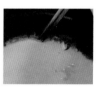

錦系蛋絲

錦系蛋絲、糖醋小黃瓜片和鰻魚是絕配，也可以切
短些包裹在飯糰外層，或是搭配其他材料成為飯糰
的混拌料。

材料	薄蛋皮 1張

作法
❶ 將薄蛋皮捲成一卷。
❷ 切細絲即可。

水煮毛豆仁

毛豆是台灣的綠金，營養又好吃。依照下列的步驟
洗和煮是好吃的祕訣！

作法
1 洗菜盆中裝清水，放進毛豆。
2 雙手捧一把毛豆，像拜拜一樣的手勢，將毛豆上殘留豆莢內
 皮輕輕搓去。
3 全數搓完後，靜置2分鐘，等待毛豆莢內皮浮起。
4 輕輕用手將浮起的毛豆莢內皮撈除，重複2～3次。
5 煮水，加一小匙鹽，待水滾起。
6 倒入洗好的毛豆。
7 待水再次滾起。
8 水滾後，保持中大火，煮3分鐘。
9 將冒出的白色泡沫撈除。
10 起鍋，冷開水沖掉泡沫，瀝乾後加鹽拌勻。

PART 4

飯糰本事

混餡飯糰
混拌

　　混餡飯糰是我學習米的起點。近些年自媒體時代來臨，打破了國界和資訊傳遞的藩籬，我們可以隨時隨地，透過網路欣賞到每個人分享自己的興趣嗜好和手作成品。

　　天天幫愛女帶便當的我，最感興趣的便是日本人所做，滿滿是料的飯糰。

　　飯糰我自學學會了，但滿滿是料的飯糰，卻總是失敗。直到有一天我突然想通，該不會台灣也有不同品種的米？不同品種的米是不是黏性不同？於是起心動念，開始研究台灣米的品種，並一袋一袋買回家試著煮，試著做，而有了全新的體會。

　　現在做滿滿餡料的飯糰對我而言已不是難事，我也很開心可以在課堂上跟大家分享。同學試過之後，每每驚呼連連。只要選對米和將配料處理好，幾乎沒有做不成功的飯糰，我們的極

光飯糰課可說是飯糰保證班呢！

　　只要有熱飯，有現成的罐頭、菜或魚肉，混一混、拌一拌就可以做出千變萬化的各式飯糰，是忙碌煮婦（夫）的救星，也是冰箱裡剩食剩菜重生的希望，搭配得宜更是營養均衡的便利好餐食。

　　混拌食材不僅僅可增添飯糰的風味，而白飯就像畫布一樣，只要混進天然的食材，即可變得色彩繽紛，顯得更美味。

　　單一食材的添加如梅子肉、海苔粉、黑芝麻鹽、搓鹽綠色蔬菜、汆燙蔬菜末或丁、毛豆、豌豆和市售的各色香鬆，都可添色添味又添香。混拌兩種以上的食材產生出撞色撞味的趣味，有時美得引人食慾大增。

　　為求層次和增添風味，黑白芝麻、柴魚花、紫蘇葉絲和海苔粉這類食材是混餡飯糰裡畫龍點睛的功臣，常備在冰箱裡包準用得著。

　　雖說粳米飯都可以做飯糰，但是如果已經老化乾硬失去黏性的飯就比較容易失敗，異食材需要有米飯的黏性才能黏得牢靠

不散落。

　將餡料混拌在飯裡，再塑形成飯糰是現在很流行的飯糰作法，餡料從小如芝麻、柴魚花，大到如鮭魚片都可以。

混拌的原則

1. 想要混進比較多餡料或比較大的餡料，務必選擇黏性較高的米品系。炊飯的水量適中，使飯的黏性適當表現。
2. 使用溫熱的飯。
3. 勿使用已經老化的飯。
4. 勿使用生食。
5. 味道太重者不適合，如過多的韭菜、大蒜和生洋蔥等。
6. 餡料需乾爽，餡料要吸油吸水，飯才不會浸潤濕軟。
7. 盡量讓餡料分布均勻。
8. 需外帶外食時，幫飯糰穿整件海苔，可避免飯糰崩塌。

柴漬飯糰

柴漬，集合了台味漬物較少見的茄子、小黃瓜、紅紫蘇和嫩薑，利用梅醋或紫蘇葉做成的即席漬物。顏色美麗、香氣迷人，是我極喜愛的盛夏粉紫旬味。顏色粉紫美麗、香氣十足，只要試過一次，尤其是紫蘇控，便會愛上。

材料（2個份）

溫熱白飯 1 碗（160g）
柴漬 1 大匙，擰乾切碎
手鹽 適量

作法

❶ 將切碎的柴漬混進飯中，混拌均勻。

❷ 分成 2 等份。

❸ 手沾濕，均勻抹手鹽，將份量內的飯握成三角飯糰。

紫蘇梅
羊栖菜飯糰

材料（2個份）

溫熱白飯 2 碗（320g）　　手鹽 適量

日式鹽梅 2 顆　　　　　紫蘇葉 2 片

乾燥羊栖菜 2g

作法

❶ 羊栖菜用溫水泡開瀝乾，日式鹽梅
去核切碎。

❷ 將羊栖菜和梅拌入白飯，分成 2 等
份。

❸ 手沾濕，均勻抹手鹽，將份量內的
飯握成三角飯糰。

❹ 三角形平面鑲上紫蘇葉。

紫蘇脆梅
飯糰

材料（2個份）

溫熱白飯 1 碗（160g）

紫蘇脆梅 4 顆切碎

紫蘇葉 4 片切成細絲

手鹽 適量

作法

❶ 以上材料混拌均勻後，分成2等份。

❷ 手沾濕，均勻抹手鹽，將份量內的
飯握成三角飯糰。

鮭魚青花筍盛宴飯糰

盛宴飯糰是用熱飯加上大量好料混合捏製而成，展現華麗感！但是要捏製這樣的飯糰並不容易，重點是米飯的選擇，需選擇黏性較夠的品種才容易成功。另外餡料也須特別注意去油和吸水份。

喜歡味濃者，可加柴魚碎片或自製柴魚香鬆。

用鹽漬鮭魚也就是台灣古早稱為的「鹹鰱魚」更夠味。

魚皮可以再回烤，烤至酥脆，切碎加到飯糰也很香。

材料（2個份）

溫熱白飯 1 碗（160g）

燙熟 3 到 4 株芥藍菜花或甜菜花或青花筍的花（可用 1/2 大匙鹽昆布代替）

烤鮭魚 50g

白芝麻 1 大匙

手鹽 適量

燒海苔 6 切 1 條

作法

❶ 將鮭魚、蔬菜花、白芝麻和熱白飯混和均勻，分成 2 等份。

❷ 手沾濕，均勻抹手鹽，將份量內的飯握成三角飯糰。

❸ 在飯糰下方貼上海苔。

❹ 飯糰上可裝飾鮭魚片以及白芝麻。

明太子鮭魚飯糰

明太子鹹香辣，是很受歡迎的白飯飯友，與鮭魚一起搭配飯糰，味道更棒。除了作為正餐，也是一道下酒好菜。

材料（2個份）

溫熱白飯　1 碗（160g）

鹽煎（烤）鮭魚片　60g

明太子飯　1 條，平底鍋加熱加油表面煎金黃

熟白芝麻飯　2 小匙

青蔥末飯　1 小匙

青紫蘇葉飯　2 片

手鹽飯　適量

作法

❶ 溫熱白飯拌入鮭魚片、白芝麻和蔥末，混拌均勻，均分成 2 等份。

❷ 手沾濕，均勻抹手鹽，將份量內的飯握成三角飯糰。

❸ 每顆飯糰下墊一片青紫蘇葉，飯糰面上放一塊煎熟明太子。

午魚一夜干
紫蘇飯糰

近年台灣養殖的午魚特別豐產，物美價廉，做成一夜干滋味更迷人。午魚一夜干魚肉細緻，味道鮮美沒有腥臭味，很適合用來做飯糰。尤其是小家庭，有時候一餐吃不完一尾魚，晚餐留下來的魚肉，第二天就可以用來做早餐飯糰或便當飯糰。

材料（2個份）
溫熱白飯 1 碗（160g）
烤午魚一夜干魚肉 40g
鹽漬小黃瓜 30g
紫蘇香鬆 10g

裝飾
綠紫蘇 2 片
紫蘇香鬆 少許

午魚一夜干可置換為飛魚、竹筴魚或鯖魚一夜干，滋味大不同。

鹽漬小黃瓜也可用鹽漬小松菜末、燙菠菜末替代。

作法
❶ 午魚一夜干解凍，用 200 度溫度烤 12 分鐘，去皮去刺，片下肉來。

❷ 一條小黃瓜去頭尾，切成薄片，加重量的 1% 鹽抓醃，可用重石壓。約 30 分鐘後，擠出水分。裝保鮮盒，冷藏可放三天。

❸ 將所有處理好的材料和白飯混拌均勻，均分成 2 等份。

❹ 手沾濕，均勻抹手鹽，將份量內的飯握成三角飯糰。

❺ 飯糰下墊紫蘇葉，頂端再撒一些紫蘇香鬆。

深川風海瓜子佃煮飯糰

材料（3個份）

溫熱白飯　1 碗（160g）

海瓜子佃煮　2 大匙

香菜葉或洗過青蔥　適量切碎

手鹽　適量

餡料

海瓜子佃煮

　海瓜子　300g

　酒　4 大匙

　嫩薑絲　1 段

　醬油　1 大匙

　味醂　1 大匙

　砂糖　1 大匙

吸滿貝類精華的美味深川丼或深川飯，是源自於東京的鄉土料理，據說是誕生在明治時代。當時的木匠為了方便攜帶，將深川飯加以變化，做成飯糰。比起蛤蜊，海瓜子肉質比較Q彈，不太軟爛，做成佃煮可當小菜，又可包飯糰，味道鮮美下飯。

作法

❶ 海瓜子吐沙洗淨，全數放一小鍋，加入酒，蓋鍋蓋，開火使沸騰至海瓜子全開。

❷ 取海瓜子肉和湯汁備用。

❸ 小鍋中加入所有海瓜子湯汁、調味料和薑絲煮滾後，繼續煮使之收汁。

❹ 待收汁約剩 1/2 量加入海瓜子肉，拌勻再稍煮使濃縮即可熄火。

❺ 白飯加入所有材料拌勻，將飯均分成 3 等份。

❻ 手沾濕，均勻抹手鹽，將份量內的飯握成三角飯糰。

南極料理人
惡魔飯糰

天婦羅麵衣是炸完天婦羅後的產物，因為捨不得丟棄未用完的麵糊，而全炸成金黃色的酥脆小圓球，是惜物愛物的溫柔情懷。

原本將天婦羅麵衣加在麵裡，稱為狸貓麵，後來有人把麵衣也包在飯糰裡，因此稱為狸貓飯糰，正是隨著南極地域觀測隊介紹開始走紅的惡魔飯糰的起源。

材料（4個份）

溫熱白飯 2 碗（320g）
天婦羅麵衣 20g
自家製濃厚麵露 2 大匙
洗過的青蔥末 2 小匙
海苔粉 2 小匙
鹽昆布 適量
手鹽 適量

天婦羅麵衣

麵粉 40g
水 30g
醋 1 小匙

天婦羅麵衣作法

❶ 將所有材料放進料理盆中，用小攪拌棒輕輕拌和。

❷ 炸鍋加油，約 3 公分深即可，加熱到 180 度。

❸ 用多把筷子沾麵糊，撒到炸油中，炸成一顆顆金黃色的小球，取出瀝油待冷卻。

作法

❶ 炸麵衣加麵露調勻，再將所有材料混拌均勻。

❷ 將飯均分成 4 等份，手沾濕，均勻抹手鹽，將份量內的飯握成三角飯糰。

❸ 三角飯糰頂部裝飾鹽昆布。

香酥櫻花蝦惡魔飯糰

台灣東港特產的櫻花蝦高鈣，營養價值高。顏色漂亮，烤酥之後包在飯糰中味道鮮美，口感酥脆，和天婦羅麵衣搭在一起非常速配。

如果孩子喜歡吃起司，可以在上面撒起司條或起司片，進烤箱200度烤至起司熔化，便又是新口味。

請參考冷凍飯糰中的焗烤奶汁飯糰。

材料（2個份）

溫熱白飯　1 碗（160g）

櫻花蝦　5g

天婦羅炸衣　1 又 1/2 大匙

自家製濃縮麵露　1 大匙

手鹽　適量

準備工作

❶ 櫻花蝦放烤盤，用 120 度烤溫烤 5 分鐘，可以去腥並更甜而酥脆。

作法

❶ 炸衣加入麵露拌勻，靜置片刻備用。

❷ 將所有材料拌勻，均分成 2 等份。

❸ 手沾濕，均勻抹手鹽，將份量內的飯捏塑成太鼓形。

玉米親子蟹味棒飯糰

蟹味棒的鮮、玉米的甜和玉米筍
的脆，構成了這顆飯糰的美味。
之所以創造出這樣的組合是我發
現所有的素材除了海苔粉之外，
在超商就買得到，非常方便。

材料（4個份）

溫熱白飯　1碗（320g）

蟹味棒　4條

熟玉米粒　1大匙

熟玉米筍　2根，切圓薄片

熟白芝麻　1大匙

海苔粉　1小匙

手鹽　適量

作法

❶ 蟹味棒微波加熱，撕成細絲。

❷ 玉米粒和玉米筍丁加少許鹽調味。

❸ 白飯加蟹味棒絲、玉米粒和玉米筍、白芝麻和海苔粉，混拌均勻。

❹ 均分成4等份。

❺ 手沾濕，抹手鹽，將飯糰握捏成三角形。飯糰撒海苔粉裝飾。

火腿炒蛋飯糰

混拌飯糰的好處就是不用開火，所有的材料拌一拌就可以包飯糰。火腿和蛋都是孩子喜愛的食材，嘗試用在飯糰裡，可讓孩子忍不住多吃一顆飯糰。

材料（4個份）

溫熱白飯 1 碗（320g）

火腿丁 1 又 1/2 大匙

菜種卵 2 大匙

燒海苔 剪成 0.5 公分的細條

手鹽 適量

黑胡椒 適量

作法

❶ 白飯混和火腿丁和菜種卵，加黑胡椒混拌均勻。

❷ 將混拌飯均分成 4 等份。

❸ 手沾濕，抹手鹽，將飯糰握捏成太鼓形。

❹ 用海苔裝飾。

香蒜骰子牛排飯糰

骰子牛排，因爲不是大塊肉料理，不需要大廚的技巧，卻有大口吃肉的口感。可以買現成的骰子牛，或是買牛排回家自己切。調味料加簡單的鹽和黑胡椒卽可，加醬油和酒也可以。這款飯糰可以滿足愛吃肉的族群，搭配紅酒也絕讚！

材料（4個份）

溫熱白飯 2 碗（320g）

骰子牛排 1 包（200g）

卡門貝爾起司 1/4 個，切 1 公分小丁

雞蛋 1 個，加 1 小撮鹽做成炒蛋

青蔥細末 15g，加 1g 鹽抓醃做成鹽蔥末

裝飾用巴西里葉碎片 適量

現磨黑胡椒 適量

大蒜 2 顆，切薄片

奶油 10g

手鹽 適量

牛肉醃料

醬油 2 大匙

糖 1/2 小匙

酒 1 大匙

現磨黑胡椒 1/4 小匙

作法

❶ 牛肉解凍後，用醃料醃 30 分鐘。

❷ 平底鍋加熱，加奶油，小火煎蒜片，呈金黃卽盛起，接續開中火，煎牛肉，表面上色後，倒入醃料同煎至熟，可酌加鹽和黑胡椒調味。

❸ 熱飯加入鹽蔥末、起司丁、炒蛋和骰子牛，輕輕拌勻。

❹ 分成 4 份，雙手抹手鹽，按照三角飯糰要領握捏成三角形。

❺ 盛盤後，撒黑胡椒並裝飾巴西利葉碎片。

魩仔魚紫蘇
惡魔飯糰

魩仔魚（魩鱙，長度4公分以下），其實不是所有魚的魚苗，主要是無可避免地混獲，加上人與魚爭食，過度捕撈將對魚的生態產生影響，因此政府規定每年擇定連續三個月爲禁漁期。但偶爾，我們還是可以久違地一嘗魩仔魚的滋味。

材料（2個份）

溫熱白飯 1 碗（160g）

熟魩仔魚 30g

油 1/2 大匙

嫩薑汁 1 小匙

青紫蘇葉 4 枚，洗淨瀝乾，切絲

天婦羅炸麵衣 2 大匙

熟白芝麻 10g

自家製濃厚麵露 1 又 1/2 大匙

手鹽 適量

作法

❶ 麵衣和麵露拌勻浸泡。

熱鍋加油，加入魩仔魚翻炒，加薑汁拌炒均勻。

❸ 將炒魩仔魚、白飯和所有材料（保留一點裝飾用紫蘇絲）。

❹ 混和均勻，分成 2 等份。

❺ 手沾濕，均勻抹手鹽，將份量內的飯握成三角飯糰。

❻ 飯糰頂端裝飾紫蘇絲。

黑橄欖鮪魚番茄乾飯糰

油漬半乾番茄乾的旨味、蒔蘿的香氣和黑橄欖的鹹香，充滿異國風味。當正餐很適合，
也因為偏向成熟大人的口味，可做小一點，當作酒餚或派對的前菜。

材料（4個份）

溫熱白飯　1碗（160g）

鮪魚罐頭　1罐（80g）

蒔蘿（切末）　適量

油漬半乾番茄乾　4～6片

去籽黑橄欖　4顆

手鹽　適量

黑胡椒　適量

作法

❶ 鮪魚罐頭的油水壓擠瀝乾，只留鮪魚片，約剩下
50g。

❷ 油漬半乾番茄乾和蒔蘿切成碎末。去籽黑橄欖切
成圓形薄片。

❸ 將番茄乾碎末拌進白飯，再加入剩下的所有材料，
輕輕拌和。

❹ 將飯分均成4等份，再握成三角形飯糰。

泡菜
鮑仔魚乾飯糰

材料（2個份）
溫熱白飯 1 碗（160g）
泡菜 40g，瀝乾水分
鮑仔魚乾 1 大匙
熟白芝麻 2 小匙
手鹽 適量

作法
❶ 白飯加入所有材料拌勻，將飯均分
成 2 等份。

❷ 手沾濕，均勻抹手鹽，將份量內的
飯握成三角飯糰。

當冰箱沒有食材時，即食的韓式泡菜和
鮑仔魚乾搭配做成飯糰，簡單又美味。

利用冰箱現有的材料，即可以變化出道地
的韓國風味。

泡菜肉末飯糰

材料（4個份）
溫熱白飯 2 碗（320g）
韓國泡菜 40g，切碎瀝乾
熟白芝麻 1 大匙
肉味噌 2 大匙
韓式海苔 1 小盒
裝飾用泡菜 適量

作法
❶ 白飯加泡菜、肉味噌、白芝麻，
混拌均勻。分成 4 等份。

❷ 手沾濕，握捏成三角形。

❸ 飯糰上裝飾泡菜，可搭配韓式海
苔享用。

韓式經典拳頭飯糰

追韓劇才發現，韓國的媽媽照顧孩子的方式就是持續地為孩子做飯菜，即使孩子已嫁娶或獨立，冰箱裡總有幾盒媽媽做的小菜和冷凍飯，或是冷凍飯糰，可以為孩子增添活力，面對生活與內心的煎熬。拳頭飯糰配黃豆芽湯最棒了，飯糰大小隨意，是韓國媽媽支援家人的大力丸。

材料（4個份）

溫熱白飯　1 碗（160g）
鮪魚罐頭　1 罐（80g）
韓式調味海苔酥　30g

調味料

熟白芝麻　1 大匙
韓國不倒翁麻油　1 小匙

家中如有小小孩，可以準備拳頭飯糰的材料，教孩子一起捏飯糰，親子同樂，好吃好玩，又兼食育作用，一舉數得。

作法

❶ 鮪魚罐頭的油水壓擠瀝乾，只留鮪魚片，約剩下 50g。

❷ 所有材料、調味料放進調理盆中，混拌均勻，再分成 4 到 6 份。

❸ 捏成圓球狀飯糰。

飛魚卵拳頭飯糰

飛魚卵細細小小的，看似不起眼，咬下去在舌尖迸發鮮美的滋味，混拌在飯糰中卻很有存在感。加上醃漬黃蘿蔔，一鮮一鹹，顏色也好看，是越吃越唰嘴的飯糰。

材料（4個份）

溫熱白飯 1 碗（160g）

蝦味飛魚卵 40g

醃黃蘿蔔 20g，切細末

韓式調味海苔酥 20g

調味料

熟白芝麻 1 大匙

韓國不倒翁麻油 1 小匙

作法

❶ 所有材料、調味料放進調理盆中，混拌均勻，再分成 4 等份。

❷ 捏成圓球狀飯糰。

玄米松子羽衣甘藍拳頭飯糰

糙米含豐富的維他命B，是蔬食者的好朋友。全糙米較不黏，做飯糰可能對初學較不容易，尤其是混拌飯糰。可使用低直鏈澱粉的品種糙米，如台中149、台南14號和台南20，不但不需要浸泡太久的時間，而且黏性較好。

酥烤羽衣甘藍是我偶然發現的包飯糰好材料，鹹鹹酥酥，可代替海苔，不能吃海苔的朋友也能輕鬆享用。

材料（4個份）

溫熱玄米飯 1碗（160g）

羽衣甘藍菜 1包（綠色或紫色都可以）

橄欖油 適量

海鹽 1小匙

砂糖 1/2小匙

烤松子 15g

紅棗 4顆泡水，用剪刀剪出長條狀的紅棗肉

作法

1. 羽衣甘藍去葉梗，撕成小片狀，灑鹽和糖，加入橄欖油拌勻，鋪在烤盤上不重疊。

2. 進預熱150度烤箱烤15分鐘或烤至酥脆，中間可以翻面。

3. 所有材料、調味料放進調理盆中，混拌均勻，再均分成4等份。

4. 捏成圓球狀飯糰。

5. 紅棗捲成花狀，裝飾在飯糰上。

花見鹽漬櫻花飯糰

賞櫻的日文是花見，看著櫻花，吃著粉嫩的鹽漬櫻花飯糰，該是多麼浪漫？而鹽漬櫻花不只美麗，經過鹽漬後散發出和櫻葉一樣的香氣。這些年因為烘焙的盛行，鹽漬櫻花在烘焙材料行或網路商店不難買到，大家不妨試做看看。

材料（4個份）

溫熱白飯　200g

鹽漬櫻花　10g

花椰菜花小株　25g

（或任何喜愛的燙青菜切末）

作法

❶ 鹽漬櫻花用冷開水漂洗過，再用紙巾壓乾水分。

❷ 取 4 朵完整櫻花備用，其餘切碎。

❸ 將飯、花椰菜花和櫻花末拌勻，均分成 4 等份。

❹ 將每份飯捏成球形，再裝飾一朵櫻花即可。

鹹酥羽衣甘藍
杏仁片飯糰

鹹酥羽衣甘藍實在太美味了，又是超級蔬菜，烤過後去掉了苦味，更代替海苔，讓不能吃海苔的朋友也可以享受類海苔的風味，更讚的是含有護眼成分，也超級適合靠3C討生活、用眼過多的現代人。

材料（4個份）

溫熱白飯 1碗（160g）
酥烤羽衣甘藍 30g（綠色或紫色都可以）
烤杏仁片 10g
裝飾用海鹽 適量
手鹽 適量

作法

❶ 所有材料、調味料放進調理盆中，混拌均勻，再分成4等份。

❷ 手沾濕，均勻抹手鹽，將份量內的飯糰握捏成三角形。

❸ 三角飯糰頂端裝飾羽衣甘藍片，再從上輕撒少許海鹽。

毛豆黑芝麻
鹽昆布飯糰

根據極光飯糰課的課後迴響，毛豆鹽昆布飯糰名列最受歡迎第一名！
「小孩原本不敢吃毛豆，但是老師把毛豆加在飯糰裡，好好吃喔！」
「原來新鮮現煮的毛豆和冷凍毛豆的口感、香氣完全不同呢。」
「因為毛豆飯糰，我家餐桌從此有毛豆料理。」
不但如此，毛豆優質的蛋白質，是相同重量肉類的2倍，雞蛋
的4倍以及牛奶的12倍，和白飯的組合，補足了纖維質和蛋白
質，大人小孩都適合。

材料（4個份）

溫熱白飯 2 碗（320g）

熟毛豆仁 80g

鹽昆布 5g（請依品牌及個人口味酌量增減）

炒熟黑芝麻 5g

手鹽 適量

燒海苔 4 切剪半 4 張

作法

❶ 鹽昆布請用食物剪刀，剪成小碎段。

❷ 所有食材混和拌勻，均分成 4 等份。

❸ 雙手沾濕，食指抹一指鹽，將份量內的飯握成三角形飯糰。

❹ 在飯糰下方正中央貼上海苔。

花菜菜種卵飯糰

綠色的蔬菜加在飯糰裡實在美麗，尤其是蔬菜的花，油菜花、芥藍菜花都是。但如果論花的數量，有什麼比得上一整顆都是花的綠花椰呢？把花椰菜花切成小小株或是切成薄薄的「花片」，會比較好使用喔。

材料 （4個份）

溫熱白飯 2 碗（約 320g）

菜種卵 50g

熟綠花椰花 40g

蜜漬柴魚鬆 1 大匙

（茹素者可用炒熟白芝麻代替柴魚鬆）

作法

❶ 燙熟的綠花椰菜花數朵切成約 2 到 3 公分長。

❷ 再縱切成一片一片的薄片，如薄片較寬，可從中再縱切一半。

❸ 用紙巾吸乾水分，撒一小撮鹽調味

❹ 白飯加入菜種卵、綠花椰菜花片和蜜漬柴魚鬆混拌均勻。

❺ 均分成 4 等份，捏製成三角形。

毛豆高菜飯糰

高菜是日本的漬物，類似台灣的酸菜，但味道比較柔和質地比較柔軟。市售有現成的芝麻高菜漬，也可以買高菜回來和白芝麻同炒，或者直接用酸菜末代替也可以。酸酸甜甜的，很開胃的一品。

材料（3個份）

溫熱白飯　1碗（160g）

熟毛豆仁　30g

芝麻高菜　20g，瀝乾水分

熟白芝　2小匙

燒海苔　8切3條

手鹽　適量

作法

❶ 白飯加入毛豆、芝麻高菜和白芝麻混拌均勻。

❷ 將混合的飯均分成3等份。

❸ 雙手沾濕，抹手鹽，將份量內的飯握捏成三角形。

❹ 飯糰外圈再用燒海苔圈住固定即可。

毛豆醃梅飯糰

毛豆的蛋白質和纖維質補足了白飯較欠缺
的營養成分,是做飯糰的好食材,運動愛
好者和茹素者都很適合。日式鹽梅的紅與
毛豆的綠互成對比,顏值高之外,爽口又
開胃。

材料(4個份)

溫熱白飯 2 碗(320g)

日式鹽梅 2 顆

熟毛豆仁 60g

炒熟白芝麻 5g

燒海苔 8 切 4 張

作法

❶ 梅干去籽切碎,加入白飯和毛豆拌勻。

❷ 均分成 4 等份,捏製成俵型,外圈再裹海苔固定即可。

蘋果乳酪飯糰

愛女小學時最愛的飯糰,帶到學校常被搶食,是很受小朋友歡迎的飯糰。

材料(4個份)

溫熱白飯 200g

蘋果 1/4 顆,帶皮切成 0.5 公分小方塊,泡鹽水,瀝乾水分備用

Brie 起司 50g,切成 0.5 公分的小方塊

作法

❶ 全部材料加到白飯中,均分成 4 等份。

❷ 捏握成圓球狀飯糰。

混餡飯糰
炊飯

　　開始炊飯時，將想要的材料和米一起炊煮成豐富的米飯，因為有菜有飯，可以省做一道菜，而且一鍋煮超級有效率，深受主婦的歡迎。

　　與各種材料一起煮的米飯，因為吸收高湯味道，變得更有味道。當餐未完食的炊飯，可以分成小份量或直接捏成飯糰冷凍保存，要吃時再復熱即可，是早餐和帶便當的好幫手。

　　炊飯可以採用日式炊飯的手法，在預先浸好水的米之上疊上一層層瀝乾水分的材料；或者是類似香料飯，先將米用油與辛香料一起炒過，再加材料一起混合炊煮。

炊飯最需注意的兩點：

1. 生米務必浸泡30分鐘，浸米的水請使用不加任何調味料的
   清水，以免水中的調味料阻礙了米的正常糊化，而形成米
   飯部分不熟。

2. 加入炊飯的液體調味料（高湯、醬油、味醂）和食材水分
   都需要一併算進煮飯水的份量中，以免水分過多，使米飯
   變得過於軟爛。

　　普通家用的炊飯鍋具都可以做炊飯。基本上厚底、有密閉蓋
子的鍋具都可以。

五目炊飯飯糰

五目，顧名思義就是綜合材料的意思。
有點類似中式油飯的味道，但較清爽不
油膩，且因爲是粳米，所以吃了不會脹
氣不好消化。根據季節變化食材，如春
夏的竹筍、牛蒡，在秋天就置換成栗子
或蓮藕片。且可利用調味料的變化，變
化成中式、和風甚至咖哩或香料炊飯。
食材不多或忙碌的時候，煮一鍋五目炊
飯，只要再配上一碗湯或一點醃菜涼拌
菜，一餐輕鬆搞定。

材料

米 2合（300g）
去骨雞腿排 1/2 片
熟竹筍 120g（可依季節代換成牛蒡絲、蓮藕、栗子等）
胡蘿蔔絲 20g
熟鵪鶉蛋 8 顆（買不到可用炸豆皮代替，或者兩者都加也很好）
乾香菇 4 枚
青江菜 2 株

雞腿排醃料

濃口醬油 2 大匙
酒 1 大匙
白胡椒 適量

調味料

濃口醬油 2 大匙（上色較漂亮）
紹興酒 2 大匙（沒有可使用米酒代替）
白胡椒 適量

準備工作

❶ 香菇泡軟，切片，香菇水也保留備用。熟筍切小片。

❷ 雞腿切成 2 公分大小，用醃料醃 30 分鐘（可醃隔夜）。

❸ 米洗淨，加清水浸泡 30 分鐘，再瀝乾。

作法

❶ 將浸泡好瀝乾的米平鋪在鍋中，其上放瀝乾的香菇片、雞塊、
熟鵪鶉蛋和筍片。

❷ 加入液體調味料＋水＋香菇水共 360ml，注入飯鍋中。

❸ 炊飯模式

① 直火煮時，中火煮滾，轉小火 12 分鐘，熄火，燜 15 分鐘。
掀蓋，由下往上翻拌，再燜 5 分鐘。

② 電子鍋採用快速炊飯模式。

③ 傳統電鍋外鍋放 1 杯半水。

④ IH 電子鑄鐵鍋請用 3.5 杯白米的炊飯模式。

❹ 飯炊煮好後拌入青江菜碎末，捏成飯糰。

海南雞飯粒

潮汕、泰國和星馬都有雞飯，作法和吃法略
有不同，但被雞油雞汁浸潤的米飯和雞肉的
滑嫩，總令饕客嚮往。在研究海南雞飯的過
程中，我發現了馬來西亞的吃法，會將雞飯
握捏成飯球，覺得非常有趣。

124

材料（2~3人份）

米 2 合（300g）
去骨雞腿排 1 支（約 400g）
雞翅 2 支，切三節
薑 一小塊切末
大蒜 1 瓣切末
紅蔥頭 3 瓣切末
七葉蘭葉 2 片（可省略）
鹽 1 匙半
雞高湯或水 360ml
香菜 1 小把
小黃瓜 1 條

雞肉醃料

鹽 1 小匙
米酒 1 大匙

酸辣蘸醬

薑末 拇指大小薑一段
大蒜末 1 瓣
大紅辣椒 去籽切末 2 枝
檸檬 1 個
雞湯 2 大匙
糖 1/2 小匙
鹽 1/2 小匙

黑醬油蘸醬

蠔油 1 小匙
醬油膏 1 大匙

準備工作

❶ 去骨雞腿排和雞翅表面用叉子來回穿刺，用酒和鹽抹勻，醃 1 小時（可前晚先醃好，冷藏保存）。

❷ 米淘洗三次後，浸水 30 分鐘，放濾網瀝乾 10 分鐘。

❸ 蔥、薑、紅蔥頭和紅辣椒切末，香蘭葉打結。

❹ 小黃瓜切片，香菜洗淨瀝乾切段。

炊飯製作

❶ 鑄鐵鍋（可一鍋煮）或深炒鍋加雞油，炒香材料中的紅蔥頭、蒜和薑末。

❷ 加入米，拌炒均勻，加鹽，再翻炒均勻，熄火。

❸ 鑄鐵鍋可原鍋使用，電鍋電子鍋需將炒香的米移入內鍋。

❹ 炒香的米鋪平，加香蘭葉結，再放整片雞腿肉和雞翅，注入高湯。

　　電子鍋：使用自動行程的白飯炊飯快速模式。

　　傳統電鍋：外鍋 1 杯半水，正常煮飯。

蘸料製作

❶ 酸辣蘸醬：所有材料拌勻使調味料融化。

❷ 黑醬油：醬油膏和蠔油調勻。

作法

❶ 飯炊煮好，取出雞腿切成適當大小，和雞翅一起排盤。

❷ 飯拌勻，手沾濕捏握出一粒粒飯球。米飯和雞肉可蘸醬並和配菜一起享用。

章魚毛豆炊飯飯糰

夏至時，日本大阪地方有吃章魚料理的習俗。有說法是希望田裡的作物，可以像章魚吸盤一樣，一旦黏住，就不會輕易脫落地牢牢扎根。而人們吃了章魚飯，更可以消除下田時的疲勞，恢復元氣。

材料

米 2 合（300g）

水煮章魚 150g，切塊

薑 15g，切絲

水煮毛豆 100g

醬油 2 大匙

酒 1 大匙

柴魚昆布高湯 315ml

鹽 少許

水煮章魚

　章魚 1 隻

　焙茶包 1 包

　昆布 5 平方公分 1 片

　酒 1 大匙

準備工作

❶ 米洗淨，泡水 30 分鐘後瀝乾，放入鍋中。

❷ 準備水煮章魚：

a. 處理好章魚內臟，用一把鹽搓洗，尤其是吸盤易藏汙須好好洗乾淨，搓鹽之後，用清水沖洗幾次將鹽洗淨。

b. 燒開水，將章魚放入燙至章魚足捲曲即可。

c. 鍋中放章魚，注入清水，淹過章魚，加入 1 大匙酒、1 片昆布和番茶或焙茶包 1 包。(茶可消臭並定色)

d. 大火煮 15 分鐘，轉中弱火，加蓋，煮 15 分鐘。掀蓋，章魚可用筷子穿刺而過即可。

作法

❶ 洗淨已浸泡瀝乾的米上鋪上章魚切塊和薑絲，加入其餘調味料，進行炊飯。

❷ 炊飯完成，等待 10 分鐘再掀蓋翻拌，加入水煮毛豆仁，再蓋蓋子，續燜 10 分鐘。

❸ 握製成每顆 90g 重左右的三角飯糰。

鹹鮭魚番薯奶油炊飯飯糰

鹹鮭魚是我兒時家的味道，冷凍庫常年必備。母親常常用鹹鮭魚鋪在片成1/2厚度的豆腐上，加酒和薑絲蒸，是我們吃白飯或稀飯的好飯友。父親和朋友小聚時，母親總麻俐地快速端出一盤鹹鹹香香的乾煎鹹鮭魚，可以下酒或配飯。

材料

米 2 合（300g）
鹹鮭魚 2 片
日本種紅皮栗子番薯 1 條（可視大小酌量添加）
熟白芝麻 2 大匙
細香蔥 適量（可用青蔥取代）
清水 360ml

醃魚料

酒 1/2 大匙

炊飯調味料

醬油 2 大匙
酒 1 大匙
味醂 1 大匙

準備工作

❶ 鹹鮭魚上淋酒醃 15 分鐘。

❷ 番薯洗淨，切成約 0.8 公分立方丁，過清水汆燙 1 分鐘。

❸ 米洗淨，泡水 30 分鐘後瀝乾，平鋪於鍋中。

作法

❶ 米上鋪上番薯丁，再放鮭魚。

❷ 加入調味料＋清水共 360ml，使用快速行程炊煮。

❸ 待煮飯行程完成，等待 10 分鐘再掀蓋翻拌。

❹ 取出鮭魚片下肉，去刺，加回炊飯，再加入芝麻和蔥末拌勻即可。

❺ 握製成每顆 90g 重的三角飯糰。

核桃炊飯飯糰

秋天，豐饒的時節，割稻時也正逢核桃成熟時，每逢收割工事，《小森時光》市子家吃的都是核桃飯糰便當。去年收割的米和今年新採的核桃，先炊煮成核桃飯，再握捏成一顆顆三角形的飯糰，裝在雅緻的竹籃便當裡，搭配著旬味菜餚，給予勞動的身體滿滿滋養，得以再接再厲，完成今年新稻的收成。

就這樣，舊與新，人與土地，市子與離家出走的母親，回憶與當下，藉著飯糰重新連結，親情的羈絆仍在。

材料

米 2 合（300g）

核桃 50g（米：核桃＝ 10：2 或 3）

濃口醬油 2 大匙

酒 1 大匙

準備工作

❶ 核桃用研缽搗磨成泥。

❷ 米洗淨，泡水 30 分鐘後瀝乾。

作法

❶ 上面放核桃泥，加入調味料＋水，容量和飯相同。

❷ 依照正常煮飯程序快速行程炊飯。

❸ 待煮飯行程完成，等待 10 分鐘再掀蓋翻拌。

❹ 手沾濕，抹手鹽，再依喜愛的份量握捏成三角飯糰。

野菇炊飯飯糰

市場上或超市皆有販售的各類太空包培養菇類，富含蛋白質、低卡
含多醣體，是非常好的超級食物，且本身具備的鮮味物質可使各式
菜餚變得更醇厚鮮美。這款直球對決的野菇炊飯飯糰，只有菇類，
不添加其他食材，單獨吃很讚，作為其他飯糰的基底也百搭。

材料

米　2 合（300g）

綜合菇類（鴻喜菇、香菇、
金針菇、舞茸、杏鮑菇、
美白菇）　300g

細香蔥末　適量

黑芝麻　1 大匙

炊飯調味料

濃口醬油　2 大匙

味醂　1 大匙

準備工作

❶ 綜合菇切蒂頭、香菇切片，餘分小株，用乾鍋煎香，
並放立網上壓出湯汁，湯汁保留。

❷ 米洗淨，泡水 30 分鐘後瀝乾。

作法

❶ 已浸泡瀝乾的米平鋪在鍋底，其上放綜合炒菇。

❷ 加入調味料＋水＋炒菇湯汁共 360ml。

❸ 依照正常煮飯程序快速行程炊飯。

❹ 待煮飯行程完成，等待 10 分鐘再掀蓋翻拌，加入黑
芝麻和蔥末拌勻即可。

❺ 手沾濕，抹手鹽，再依喜愛的份量握捏成三角飯糰。

栗子紅豆飯飯糰

在日本，因爲紅豆飯是很喜氣的紅色，常在節慶的場合享用。
傳統使用的是糯米，用蒸的並且工序繁複。但是我發現使用台中194號米，
或低直鏈澱粉類粳米牛奶皇后、台南14號米和台南20號米，在家中用電鍋
或電子鍋的普通炊飯模式，也可以輕鬆做出鬆軟美味的紅豆飯。

材料（2個份）

低直鏈澱粉白米 2 合（300g）

紅豆 60g

生栗子 10 顆

調味料

煮栗子

　味醂 1 大匙

　鹽 1 小匙

炊飯飯糰

　黑芝麻 適量

　鹽 適量

　手鹽 適量

準備工作

❶ 米洗淨，和調味料浸水 30 分鐘，瀝乾。

❷ 栗子加冷水，蓋過栗子，大火滾起，小火煮 10 分鐘。取出備用。

❸ 紅豆洗淨，放入鍋中用 2 杯水大火煮滾，再轉中火，煮 15 分鐘。

❹ 將煮汁留 1 杯備用，其餘倒掉。

❺ 再將紅豆放進煮鍋中，注入冷水，超過紅豆 2 公分，再大火煮滾，轉中火，再煮15 分鐘。只留紅豆，煮汁倒掉。

作法

❶ 飯鍋中放入米、紅豆和煮過的栗子。

❷ 加入紅豆煮汁＋水共 360ml，依正常程序煮飯。

❸ 飯煮好，燜 10 分鐘後再加鹽和黑芝麻翻拌，再燜 10 分鐘。

❹ 溫熱栗子紅豆炊飯 1 碗約 150g，均分成兩份，手沾濕，抹手鹽，捏成三角形。

桂圓米糕飯糰

母親在我們小時候，母親在七夕當天都會準備桂圓米糕敬奉註生娘娘。而我呢，承襲這樣的傳統，開始學做桂圓米糕，或許因為愛女真的是我到保安宮求來的，她嗜吃桂圓米糕到甚至平時也會要求我做了帶便當。甜甜的飯配鹹鹹的菜，非常好吃呢！

材料

米 1 又 1/2 合
（台中 194、台南
14 或台南 20）

桂圓乾 100g

米酒 50ml

調味料

二砂糖 2 大匙

準備工作

❶ 桂圓肉用米酒泡 2 小時直至軟化泡開瀝乾，泡過的米酒留用。

❷ 米洗淨，泡水 30 分鐘後瀝乾。

作法

❶ 已浸泡瀝乾的米平鋪在鍋底，其上放桂圓肉。

❷ 注入泡桂圓米酒＋水共270ml。（如果是台南14和20號米可以減少至250ml）

❸ 依照正常煮飯程序快速行程炊飯。

❹ 待煮飯行程完成，等待 10 分鐘再掀蓋翻拌，趁熱加入砂糖拌勻，再加蓋燜 10 分鐘。

❺ 手沾濕，再依喜愛的份量握捏成三角飯糰。

包餡飯糰
不露餡

　　包著各種餡料的飯糰是我們家最愛的飯糰形式。由外向內一層一層地細細品嘗各種食材，先海苔、繼之白飯，最後是餡料。咀嚼後各種食材在口中混和交融的味道，相當符合日本食文化的「口中調味」精神，也就是白飯配下飯菜的概念。

　　因此飯糰專賣店或超商的販售品，幾乎都是以包餡飯糰為主。

　　餡料通常帶油含水分，較濕潤，建議使用口感Q彈、扎實，比較不會被醬汁浸潤的品種米，比如台南16號米、越光米或台中秈10號米。

　　包餡料的動作當然也可以在手上完成，但如果使用工具更好操作。我觀察過日本飯糰專賣店的專業手法，常會利用簡單的木製三角形或直接在桌面上完成。在家裡我建議用日式的平茶碗來輔助，可依據飯糰的大小選擇碗的尺寸，且只要參照我提供的要領照著做，幾乎都會成功。

不露餡飯糰作法

❶取一平茶碗，全碗面都要抹飲用水沾濕。可傾斜茶碗，使殘留碗底的水分流出。

❷份量中1/2的白飯放進碗中，用指尖輕輕撥散，使飯順著碗的弧度，厚度均勻地貼在碗上，圓中心稍微凹陷，切忌用力，以免飯粒黏在碗上。

❸從圓中心開始放餡料，一點點堆疊，注意必要留一圈白飯邊，餡料勿超出飯，以免之後飯糰裂開。

❹取剩下的1/2飯，蓋在餡料上，在用指頭輕輕地把飯整平，與下面的飯接合，並看不到餡料。

❺雙手沾濕，如果飯的基底是白飯，建議抹一點手鹽，抹開後，把飯立起放在左手掌間。

❻再握捏成想要的形狀。

蜜汁柴魚鬆飯糰

蜜汁柴魚鬆飯糰是極光家的經典定番，也是不愛吃飯孩子的救星。

說幾個故事，讓大家瞧瞧蜜汁柴魚鬆的魅力。

有一位同學，憂心忡忡地來上飯糰課，說最大的心願就是讓三歲的孩子可以吃點飯。上完課回家，她馬上傳了孩子笑瞇瞇地吃完一整顆蜜汁柴魚鬆飯（糰飯量是100g），同學說她感動到眼眶都泛淚了。

我常常到各地的廚藝教室教課。其中一間教室的闆娘，每次在我上飯糰第一課時總要我多做一點蜜汁柴魚鬆，原來是要拿來孝敬80多歲的媽媽。媽媽說很懷念這款找不到的古早味。

最初上前幾堂飯糰課時，怕程序太多現場控制不佳，我會事先做一份蜜汁柴魚鬆先分給大家。結果，幾次下來，都被同學一邊上課一邊吃光了。輪到蜜汁柴魚香鬆飯糰時完全沒有材料可以做了，令人啼笑皆非。

工具
平茶碗 1 個

材料（4 個份）
溫熱白飯 2 碗（320g）

蜜汁柴魚香鬆 2 大匙

手鹽 適量

燒海苔 全切 2 張，對切成三角形

作法
❶ 白飯分成 4 等份，依照包餡手法將 1 大匙柴魚香鬆包進飯糰中。

❷ 再用海苔包裹好，飯糰頂部加 1/2 大匙蜜汁柴魚鬆裝飾。

御飯糰的餡料可豐可儉，最令人想念的往往是樸素的滋味，柴魚梅便是其中之一。鹹酸香，很適合炎熱夏天外出食用，帶便當或野餐。這款飯糰比較大人口味，需要有一些生活的底蘊才懂得欣賞的滋味，配微苦的抹茶非常適合。

柴魚梅飯糰

工具
平茶碗 1 個

材料（2個份）

溫熱白飯 200g

日式鹽梅肉 50g（已去籽）

柴魚片 5g

砂糖 1/2 小匙

白芝麻 適量

手鹽 適量

海苔 4 切 2 條

作法

❶ 梅肉剁碎，柴魚用手捏碎，將所有材料混拌均勻。

❷ 溫熱白飯分成 2 等份；餡料留 1/3 做頂料裝飾，餘 2/3 分成 2 份做為內餡。

❸ 利用包餡手法將每份白飯包入柴魚梅。

❹ 手沾濕，抹手鹽，將飯糰握捏成三角形。

❺ 用披圍巾手法包裹海苔，飯糰頂端再裝飾柴魚梅。

和風鮪魚美乃滋飯糰

便利超商三角飯糰的始祖，也始終是位居長銷前三名的鮪魚飯糰，幾乎是國民美食了。罐頭食品被證實也有營養價值，在現代生活是方便的便利食品，在家自己做可以選擇喜歡並信賴的鮪魚罐品牌，更安心與放心。添加柴魚花和白芝麻則是為鮪魚加分的祕訣。

工具
平茶碗 1 個

材料（4個份）
溫熱白飯 2 碗（320g）
鮪魚罐頭 1 罐（80g）
柴魚花 壓碎 2g
炒熟的白芝麻 2 小匙
手鹽 適量
燒海苔 4 切 4 條

調味料
美乃滋 1 大匙
自家製濃厚麵露 1 小匙

作法
❶ 鮪魚罐頭的油水壓擠瀝乾，只留鮪魚片，約剩下 50g。

❷ 鮪魚片放進調理缽中，加入美乃滋、麵露拌勻。留 1/3 留做頂料，其餘 2/3 再分成 4 等份留做餡料。

❸ 溫熱白飯加入白芝麻和柴魚花碎片拌勻，分成 4 等份，依包餡手法將餡料包在飯中。

❹ 手沾濕，均勻抹手鹽，再握捏成三角飯糰。

❺ 用披圍巾手法包裹海苔，飯糰頂端再裝飾預留的鮪魚美乃滋。

鮪魚塔塔醬飯糰

美乃滋簡單混拌洋蔥末和小黃瓜碎丁即成簡單的自製塔塔醬，可讓鮪魚罐頭味道較爲淡化且呈現清新風味，是較西式的口味，這款鮪魚醬做成三明治內餡，或是搭配小圓餅變身爲餐前小食也很棒。

工具
平茶碗 1 個

材料 （4個份）
溫熱白飯 2 碗（320g）
鮪魚罐頭 1 罐（80g）
紫洋蔥末 1 小匙
小黃瓜 1/4 條
手鹽 適量
海苔 8 切 4 條

調味料
美乃滋 1 大匙
黑胡椒 適量

> 洋蔥和小黃瓜都可置換，換成玉米粒更受小朋友喜愛。

作法
❶ 鮪魚罐頭的油水壓擠瀝乾，只留鮪魚片，約剩下 50g。

❷ 小黃瓜切碎丁。（也可改用 1 小條酸黃瓜）

❸ 鮪魚片放進調理缽中，加入美乃滋、紫洋蔥末、小黃瓜碎丁和黑胡椒，拌勻。先分成 3 份，1/3 留做頂料，2/3 再分成 4 等份留做餡料。

❹ 將飯分成 4 等份，依包餡手法將餡料包在每份飯中。

❺ 手沾濕，均勻抹手鹽，將飯糰握捏成三角形。

❻ 將海苔貼在飯糰外圍，其上加頂料鮪魚塔塔醬裝飾。

蛋黃醬油漬飯糰

蛋黃醬油漬和蛋黃味噌漬飯糰有異曲同工之妙，惟更簡便，兩者皆是許多人喜愛的飯友。這種生蛋黃飯糰只適合現做現吃，請勿攜帶外食。

工具
平茶碗 1 個

材料（2個份）
溫熱白飯 2 碗（320g）
蛋 4 顆
濃口醬油 適量
燒海苔半切 2 枚
手鹽 適量

作法

❶ 蛋黃 4 顆浸泡在剛好可以醃過蛋黃的醬油。

❷ 放冰箱冷藏一晚即可食用。

❸ 白飯分成 4 等份，取 2 份飯，依照包餡手法包進一顆蛋黃。

❹ 手沾濕，均勻抹手鹽，將飯糰握捏成三角形。

❺ 再用半切海苔將飯糰包好，飯糰頂端再鑲一顆蛋黃裝飾。

明太子奶油乳酪飯糰

從雜誌報導看到這口味的飯糰，很好奇真實的味道如何？據說是東京池袋的一家有名飯糰店的熱銷品。這些年因疫情關係不能出國，剛好兩種餡料都是我家的常備品，我試著揣想味道，做出這款飯糰。嗯，口味上比較傾向大人口味，但越咀嚼越有滋味，是明太子愛好者的心頭好。

工具
平茶碗 1 個

材料（4個份）
溫熱白飯 2 碗（320g）

明太子 1/2 小條

起司乳酪 80g

紫蘇葉 4 片

手鹽 適量

海苔 4 切 4 條

作法
❶ 明太子切開薄膜，刮下明太子。

❷ 奶油乳酪切小 1 公分立方小丁，和明太子混拌均勻。

❸ 將飯分成 4 等份，依包餡手法將餡料包在每份飯中。

❹ 手沾濕，均勻抹手鹽，將飯糰握捏成三角形。

❺ 每份飯糰先貼一片紫蘇葉，再以披圍巾的手法用海苔包裹飯糰。

炒酸菜飯糰

炒酸菜是台灣的配飯菜，作為配角，總是能稱職地將爌肉、滷肉、肉鬆和滷蛋襯托地更美味。偶爾也將酸菜化身為主角，加一點炒香的白芝麻，包在飯糰中，品嘗純粹的酸菜滋味。

工具 平茶碗 1個

材料（4個份）

溫熱白飯 2碗（320g）

炒酸菜 6大匙

炒香白芝麻 1大匙

手鹽 適量

海苔 4切4條

作法

❶ 酸菜末加入白芝麻拌勻。1/3留做頂料，2/3分成4等份。

❷ 將飯分成4等份，依包餡手法將酸菜餡料包在每份飯中。

❸ 手沾濕，均勻抹手鹽，將飯糰握捏成三角形。

❹ 用海苔將飯糰以穿披肩手法包裹，其上加頂料炒酸菜裝飾。

鯽仔魚雖小，但因烹調手法不同，仍可展現不同口感。油炸得酥酥脆脆的，單吃就已非常美味，和微辣微嗆的青辣椒和微甜的糯米椒一起拌炒，更襯托出鯽仔魚的海味。除了包飯糰，一樣也是適合下飯的飯友，或者可以用來炒蛋、烘蛋。

雙椒鯽仔魚飯糰

材料（2個份）

溫熱白飯 1碗（160g）
手鹽 適量
燒海苔 3切2張
熟鯽仔魚 100g
青辣椒 2根
糯米椒 2根
芝麻油 1大匙
大蒜 1瓣份切末
料理油 1大匙

工具

平茶碗 1個

調味料

醬油 1大匙
味醂 1大匙
酒 1大匙
蜂蜜 2小匙
白芝麻 2小匙

作法

❶ 平底鍋加油，開中火，將熟鯽仔魚放進鍋中，翻炒讓魚身沾滿油後，轉小火，慢慢煸炒至魚變酥乾，倒出多餘的油。

❷ 原鍋加入蒜末、切成斜切片的青辣椒、糯米椒炒香，加入所有調味料，拌炒均勻，小火收乾醬汁。

❸ 白飯均分成2等份，抹手鹽，每1份依包餡手法包入1大匙雙椒鯽仔魚乾，捏握成包餡飯糰。

❹ 再包裹燒海苔，頂端可加1小匙雙椒鯽仔魚乾裝飾並可識別內餡。

工具

平茶碗 1個

材料（2個份）

溫熱白飯 1 碗（160g）

鹽煎鮭魚片 60g

煎（烤）魚皮 適量

熟白芝麻 2 小匙

手鹽 適量

鮭魚卵 適量

青紫蘇葉 4 片

作法

❶ 溫熱白飯拌入鮭魚皮碎和白芝麻，混拌均勻，均分成 2 等份。

❷ 取 1/2 鮭魚卵加進鮭魚碎片混拌均勻，均分成 2 等份。

❸ 以包餡手法將鮭魚卵鮭魚片包進飯中。

❹ 雙手沾濕，均勻抹手鹽，做成太鼓形。

❺ 每顆飯糰下墊青紫蘇葉，上方放一匙鮭魚卵裝飾即成。

肉味噌浸漬溏心蛋飯糰

材料（2個份）

熱溫熱白飯 240g

手鹽 適量

燒海苔 全切2張

肉味噌 2大匙

雞蛋 2顆

清水 250ml

調味料（此分量可浸泡5顆蛋）

醬油 50ml

料理酒 30ml

味醂 30ml

砂糖 1大匙

鹽 1小匙

工具

平茶碗 1個

作法

❶ 調味料加水全煮滾，放涼備用。

❷ 煮一大鍋水，水的份量至少是蛋的5倍以上。

❸ 將蛋一口氣同時放進滾水中，轉中火偏小火，計時6分30秒。

❹ 馬上將蛋放進冰塊水中使蛋完全冷卻，剝蛋殼。

❺ 將溏心蛋放進醬汁浸漬，約12小時即可食用，最佳食用時間為24小時，冷藏保存3天內食用完畢。

❻ 白飯均分成2等份，每1份依包餡手法包入1大匙肉味噌再放溏心蛋，抹手鹽，順著蛋的形狀，捏握成橢圓球型飯糰。

❼ 再包裹燒海苔。

小松菜松子鹹蛋黃飯糰

這個口味的飯糰是我在飯糰第二課時,現場製作給同學吃的午餐。上了第一課再來上第二課的同學比例很高,因此我很想讓大家比較自己捏握的飯糰和我做的,有什麼不一樣的口感?簡單的事物,唯有一再反覆練習,才會精進;有比較,才會知道自己需要改進的地方是哪裡。

而我很喜歡這顆飯糰,無論在外觀,口感層次和味覺,都是我很喜歡的傑作之選。

材料（4個份）

溫熱白飯 2 碗（320g）

熟鹹蛋黃 4 顆

切碎鹽漬小松菜 2 株
（小松菜洗淨切碎加重量 2% 的鹽抓醃,再擠乾水分）

黑芝麻 1 又 1/2 大匙

炒香松子 1 大匙

手鹽 適量

工具

平茶碗 1 個

作法

❶ 白飯拌入黑芝麻,小松菜和松子,均分成 4 等份。

❷ 依包餡手法將鹹蛋黃包進飯糰裡。

❸ 雙手沾濕,抹手鹽,將飯糰握捏成三角形。

❹ 最後再裝飾松子或黑芝麻。

鹹蛋黃鹹淡有差,可自行斟酌份量使用。
使用紅土鹹蛋黃的口感和香氣更佳。

蔥鹽松阪豬飯糰

松阪豬雖然油脂含量高，但因為分布方式的關係，肉質吃起來脆口不膩，很受大眾喜愛。如果擔心熱量高，可以將松阪豬替換成二層肉，口感相近，脂肪含量較低，口感則較為軟嫩。

工具
平茶碗 1 個

材料（2個份）
溫熱白飯 1 碗（160g）
燒海苔 8 切 2 條
松阪豬 100g
青蔥 1 枝

調味料
太白胡麻油 2 小匙
檸檬汁 2 小匙
鹽 1/2 小匙
黑胡椒 1/4 小匙

作法

❶ 松阪豬逆紋切小薄片，青蔥切末。

❷ 熱油鍋，炒香青蔥，加入松阪豬一起拌炒。

❸ 加入剩餘調味料後起鍋，瀝乾。

❹ 將白飯分成 2 等份，依鑲餡手法加入松板豬，握成三角形飯糰，再裝飾海苔。

牛肉時雨煮飯糰

牛肉時雨煮甜甜鹹鹹的很下飯，且因爲是薄肉片炒製而成，烹飪時間短，是我常常做的家常菜色。時雨煮和佃煮調味相似，都是過去爲了長期保存發展出來的鹹甜常備菜，只是佃煮比較鹹，而時雨煮則加了生薑，較爲清爽。

工具

平茶碗 1 個

材料（2個份）

溫熱白飯 1 碗（160g）

熟白芝麻 適量

手鹽 適量

燒海苔

牛涮涮鍋肉 160g

牛蒡 1/4 條

嫩薑絲 2 片

調味料

醬油 2 大匙

味醂 1 大匙

酒 1 大匙

砂糖 1 小匙

作法

❶ 牛蒡用刀背先去皮，再用削皮刀削成比較小的薄片，泡水備用。

❷ 牛肉切成 1 小口的份量。

❸ 炒鍋加入 1/2 大匙太白胡麻油，牛蒡翻炒 2 分鐘。

❹ 加入調味料和 1 大匙水，小火煮約 3 分鐘。

❺ 再加入牛肉和薑絲翻炒至收汁，加入白芝麻即可。

❻ 將白飯分成 4 等份，依照包餡手法包入 1 大匙瀝乾的牛肉時雨煮。

❼ 手沾鹽，抹開，將飯糰捏成三角形，沾滾一圈白芝麻。

❽ 表面再裝飾一小匙牛肉時雨煮。

146

塔香辣炒鮮菇藜麥飯糰

常常朋友詢問素食飯糰，塔香辣炒鮮菇即是我爲一位蔬食朋友設計的。吃素的朋友往往因爲宗教關係，不能碰五辛，於是我在這款餡料中加了辣椒和九層塔，讓素食的朋友一樣吃得香噴噴。

工具
平茶碗 1 個

材料（4個份）
溫熱白飯 2 碗（320g）
熟藜麥 1 大匙
手鹽 適量
燒海苔 4 切 4 條
九層塔葉 10 片
大紅辣椒 半條，去籽切末
綜合菇類 200g 去蒂頭，分成小株

調味料
醬油 1 大匙
味醂 1 大匙
黑胡椒 適量

作法

❶ 平底鍋加熱，放入處理好的綜合菇，炒香出水。

❷ 加 1 小匙油，再加入辣椒、調味料一起拌炒，收汁起鍋。

❸ 將熟藜麥拌進白飯，均分成 4 等份，依照包餡手法包入 1 大匙瀝乾的辣炒鮮菇。

❹ 手沾鹽，抹開，將飯糰捏成三角形。

❺ 燒海苔用包披巾手法包飯糰，頂端再裝飾一小匙辣炒鮮菇。

香菇肉燥飯糰

要說我最愛的家傳媽媽味，應該就是香菇肉燥了。將家傳的香菇肉燥包在飯糰裡，再加上青江菜葉和醃黃蘿蔔，像是完整的一碗香菇肉燥飯，可愛又好吃。

工具

平茶碗 1 個

材料（6個份）

香菇 2 朵　　　　　熟鵪鶉蛋 6 顆

梅花絞肉 150g　　　白飯 2 碗（320g）

蝦米 1 大匙　　　　青江菜葉 6 片

油蔥酥 1/2 大匙　　醃黃蘿蔔 1 片

泡香菇水 1/2 杯

調味料

醬油 2 大匙

冰糖 1 小匙

米酒 1 小匙

白胡椒粉 適量

鹽 少許

作法

❶ 香菇泡軟，切丁。蝦米用清水泡 5 分鐘即可，切碎。

❷ 絞肉入炒鍋，加少許油，快速翻炒至肉末鬆散，油份釋出，淋酒。

❸ 加香菇丁和蝦米炒香。加調味料炒香，再加入水。

❹ 加入鵪鶉蛋，大火煮滾，轉小火燉煮 20 分鐘。

❺ 燙青江菜，剪下葉子留用。

❻ 白飯分成 6 等份，依包餡手法將 2 小匙瀝乾的香菇肉燥包進飯糰。

❼ 手沾濕，抹手鹽，握捏成太鼓形。

❽ 每個飯糰上包一片青江菜葉。再裝飾 1 小片黃蘿蔔、切半的鵪鶉蛋和少許香菇肉燥。

柚子胡椒炸雞飯糰

晚餐吃剩下的唐揚雞,第二天早上仍可變身爲美味的飯糰。加熱後口感不再如剛炸好般酥脆,利用清新味道的柚子胡椒和增加濕潤口感的美乃滋來調味,作爲餡料包在白飯中也很可口。

工具

平茶碗 1 個

材料（2個份）

溫熱白飯 1 碗（160g）
切碎鹽漬小松菜 1 小匙
白芝麻 1/2 小匙
冷藏基本唐揚雞 2 塊
美乃滋 1 小匙
柚子胡椒 適量
燒海苔 4 切 1 條,再對折剪開成 2 小張海苔

作法

❶ 唐揚雞用烤箱 160 度烤 3 分鐘復熱,切小塊,加入美乃滋和柚子胡椒拌勻,先留少量裝飾用雞塊,其餘分成 2 等份。

❷ 白飯加入搓鹽小松菜和白芝麻拌勻,分成 4 份。

❸ 依照包餡不露餡手法包入餡料。

❹ 手沾濕,均勻抹鹽,將包餡的飯握捏成三角形。

❺ 飯糰底部貼上海苔,飯糰頂部裝飾雞塊並點綴柚子胡椒。

沙茶玉米豆乾飯糰

沙茶玉米豆乾是愛女常常指定的便當菜之一。沙茶鹹香微辣襯托出玉米的甜和豆乾的香，最配白飯。茹素者可將沙茶換成素沙茶，蔥花改成芹菜珠，美味不減。

工具
平茶碗 1個

材料（4個份）
溫熱白飯 2碗（320g）
玉米粒 50g
豆乾 2片切丁
蔥末 半枝
燒海苔 8切4枚
手鹽 適量

調味料
沙茶醬 1小匙尖
醬油 1/2 小匙
料理油 1 小匙
香油 少許

作法

❶ 起油鍋炒香豆乾丁，再加入玉米粒同炒。加入沙茶醬、醬油、蔥末拌炒均勻後，滴幾滴香油即可起鍋待涼，先取出部分做頂飾用，其餘分成 4 等份。

❷ 白飯分成 4 等份，取 2 份飯，依照包餡手法包進餡料。

❸ 手沾濕，均勻抹手鹽，將飯糰握捏成三角形。

❹ 再用 8 切海苔將飯糰包好，飯糰頂端再放少許餡料裝飾。

材料（2個份）

溫熱白飯 1 碗（160g）

蔥味噌醬 適量

海苔（撕碎） 適量

青蔥 適量

青蔥味噌醬材料

蔥 3 根

生薑泥 1 小匙

柴魚花 2g

調味料

喜愛的味噌（可混合兩三種味噌） 100g

味醂 2 大匙

砂糖 1 大匙

太白胡麻油 1/2 大匙

青蔥味噌飯糰

一月蔥二月韭，過完農曆年最適合多吃蔥。而冬天的蔥正水嫩當令，尤其是香甜的三星蔥，因盛產而實惠。我們家喜歡薑青蔥味噌醬包在飯糰裡吃，噴香有味。

作法

❶ 蔥切除鬚根洗淨瀝乾，切成蔥珠。

❷ 將蔥味噌調味料（除太白胡麻油外），全部放進同一個調理盆中，用小刮杓混和均勻。

❸ 平底鍋加熱，直接倒入蔥珠，炒軟，釋放出水分。

❹ 加入太白胡麻油和薑泥，翻炒至香味散出。

❺ 再加入混拌好的調味料，以中小火翻炒均勻。

❻ 最後加入柴魚花即可。（也可加入炒熟的白芝麻，另有一番滋味）

❼ 將白飯均分成 2 等份。

❽ 依包餡飯糰手法將青蔥味噌醬包進飯糰。

❾ 再將飯糰握製成圓球狀。

❿ 表面沾滿撕碎的海苔碎片，其上裝飾一點蔥味噌醬和青蔥。

包餡飯糰

鑲餡

　　整塊的肉或魚或是半顆蛋，如果都包進飯糰裡，就看不見餡料的美麗與大器，於是超商推出了各種鑲在飯糰上的鑲餡飯糰。

　　鑲餡飯糰是直接的視覺衝擊，一眼望去就知道飯糰的內容，整塊的魚或肉更是觸動食慾。

　　鑲餡的方式有兩種，如果餡料比較立體而且是一大塊，徒手即可以做出鑲餡飯糰，但如果餡料比較是片狀的，帶油或較光滑比如溏心蛋，就需要利用小工具平茶碗保鮮膜的輔助使餡料好好地鑲在飯中間，保證可以更完美呈現。

鑲餡飯糰作法

徒手鑲餡

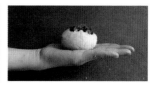

❶ 手沾濕,均勻抹鹽。　❷ 將份量內的飯放在左手掌心,用右手挖出一個凹洞。　❸ 將餡料鑲進凹洞中。

❹ 再用雙掌包圍,一邊轉圈一邊握壓,使飯可以包住餡料。　❺ 完成。

平茶碗鑲餡

❶ 平茶碗鋪保鮮膜,將最外面會被看到的整片主餡料放在碗中央,再依序疊放其他餡料,越零碎的餡料要放在越接近飯的內層。　❷ 再放比較零碎的餡料。　❸ 最後將飯全數倒進碗中。

❹ 將保鮮膜旋緊。　❺ 保鮮膜完整地包著飯和餡料。　❻ 整包拿起,隔著保鮮膜塑形。

一粒梅飯糰

紅通通的日式醃梅和白飯是最佳搭檔，餡料組合更是日式
飯糰的元祖。日式醃梅因為夠鹹，除了下飯外，還可以防
腐抑菌，包在飯裡帶出門就毋須擔心飯很快餿掉。因醃梅
鹽分高，須注意份量，勿攝取過量。

材料（2個份）

溫熱白飯 2 碗（320g）

日式醃梅 2 個，去核

海苔或白芝麻 適量

手鹽 適量

作法

❶ 將飯均分成 2 等份，雙手沾濕，均勻抹鹽。

❷ 用徒手鑲餡手法將鹽梅鑲進飯的中央，再握捏成三角形。

❸ 飯糰外圈可以海苔圈起或沾附喜愛的白芝麻或海苔粉。

楓糖奶油味噌核桃飯糰

材料（2個份）

溫熱白飯 1碗（160g）

楓糖奶油味噌核桃 適量

楓糖核桃味噌

材料

核桃 100g

調味料

味噌 2大匙

味醂 1大匙

楓糖 2大匙

奶油 2小匙

作法

❶ 核桃攤開放篩網上，燒一鍋開水，滾開後，用熱水均勻淋燙核桃，瀝乾涼透後切碎。

❷ 將味噌、味醂和楓糖混拌均勻。

❸ 平底鍋加熱，加入奶油融化，加入核桃翻炒。

❹ 再加入調好的味噌，以小火拌炒均勻。

❺ 將白飯分成 2 等份。

❻ 挖取一匙味噌核桃包進飯糰，再依鑲餡手法握成飯糰。

蛋黃味噌漬飯糰

蛋黃味噌漬的味道類似鹹蛋黃，但為溏心蛋，因為味噌和味醂的加持而變得鮮美且滋味豐富。

這個食譜源自於一齣日劇《黑心居酒屋》。只是我發現改變醃蛋黃的容器，可以減少味噌床的份量；另外如何取出完整蛋黃，也是學問。經過幾次實驗，我發現容易成功的作法。

請把整顆蛋冷凍24小時候，再取出解凍3小時，此時蛋白已融化而蛋黃仍舊成固態，為確保蛋黃完整，請用軟質矽膠湯匙小心挖取蛋黃。

材料（6個份）

味醂 2 大匙

清酒 2 大匙

味噌 300g（可依個人口味調配兩三種味噌）

蛋黃 6 顆

溫熱白飯 3 碗（480g）

燒海苔 8 切 6 條

手鹽 適量

作法

❶ 味醂和清酒各 30cc 煮滾，去除酒氣，待涼備用。

❷ 加入味噌拌勻。

❸ 取可密封保鮮盒一個，先鋪一層味噌（較厚），上面鋪一層紗布。

❹ 用湯匙壓出凹槽。

❺ 將蛋黃放入凹槽。

❻ 其上鋪一層塗了味噌醃料的紗布。

❼ 放冰箱冷藏一晚即可食用。

❽ 白飯分成 6 等份，手沾濕，沾手鹽並抹開，取一份飯，依照徒手鑲餡手法鑲一顆蛋黃。

❾ 再用海苔條圈住外圍固定。

奶油煎貝糙米飯糰

甜美而飽滿多汁的鮮干貝,一口一個多麼過癮。不同於市售品的成本考量,將整顆干貝包在飯糰裡是極光家飯糰獨有的豪華享受。

材料(5個份)

溫熱糙米飯 2 碗(320g)

鮮干貝 5 顆

料理油 1 小匙

奶油 10g

手鹽 適量

黑胡椒 適量

平葉巴西里葉(如無,可使用

檸檬皮碎末,另有一番風味)

黑胡椒 適量

海苔 8 切 5 條

作法

❶ 鮮干貝退冰後,加熱平底鍋,加一小匙料理油進鍋內。

❷ 放入鮮干貝,再加入奶油,大火將干貝兩面煎出焦香表面,每面約煎 1 分半鐘。

❸ 熄火,撒鹽和黑胡椒。

❹ 糙米飯拌入巴西里葉碎末,均分成 5 等份。

❺ 手沾濕,均勻抹鹽,每份依徒手鑲餡手法包進一顆煎干貝,握捏成太鼓形飯糰,裝飾以海苔即可。

燒番麥飯糰

燒番麥（烤玉米）幾乎是我們大家的兒時共同回憶，我想每個人心中都有一攤自己最懷念的烤玉米。黃澄澄的甜玉米，簡單水煮撒點鹽就已經很美味，再用奶油、醬油和沙茶調味，更凸顯玉米的鮮和甜。想片下整片玉米，煮好的玉米須先冷藏是祕訣！

材料（4個份）

水煮甜玉米 1/2 根
溫熱白飯 2 碗（320g）
熟白芝麻 適量
海苔粉 適量

調味料

濃口醬油 1 大匙
沙茶醬 1/2 小匙
味醂 1/2 大匙
水 2 大匙
奶油 5g

作法

❶ 水煮甜玉米 1/2 根，放進冷藏室冷藏一晚。

❷ 用刀子片下整排玉米粒，再切成 5×4 公分大小。

❸ 平底鍋放進奶油、醬油、味醂、沙茶醬和水，煮大滾。

❹ 將玉米片放進鍋中，使之裹上醬汁。

❺ 白飯均分成 4 等份。

❻ 平茶碗中鋪保鮮膜，碗底中央放玉米段，再倒進白飯。

❼ 將保鮮膜收口，注意須讓玉米在平面中心，再隔著保鮮膜將飯握捏成略扁的俵形。

❽ 揭開保鮮膜，用烘培噴火槍在表面炙烤出焦痕和香味，撒海苔粉和白芝麻。

159

茄汁乾燒蝦仁飯糰

乾燒蝦仁是大家熟知的中式美饌。蝦仁的營養價值高,且解凍快速,容易烹調,我很喜歡用來帶便當,其中尤以乾燒蝦仁甜甜辣辣的風味最受歡迎,可在白飯裡拌入和乾燒蝦仁很搭的香菜末。

材料(4個份)

溫熱白飯 2 碗(320g)
香菜 2 株洗淨,擦乾切碎
小型白蝦仁 4 隻
燒海苔 8 切 5 條(海苔不夠長時,可剪一小段接上)
太白粉 1/3 小匙
蔥末 1/2 小匙
蒜末 1/2 小匙
薑末 1/2 小匙

調味料

豆瓣醬 1/2 大匙
番茄 1/2 大匙
糖 1/2 小匙
醬油 1 小匙

作法

❶ 平底鍋加油炒香蔥、薑和蒜末,倒入所有調味料,炒至香味散出。

❷ 蝦子拌太白粉,加入鍋中拌炒,如果太乾,可以加一小匙水。

❸ 拌炒均勻,待蝦熟即可起鍋。

❹ 白飯拌入香菜末,分成 4 等份,依徒手鑲餡手法包蝦仁。

❺ 用燒海苔把飯糰圈起固定。

迷你德腸炒蛋飯糰

無所不包的飯糰，當然可以搭配西式早餐元素。把迷你德腸鑲在混拌了起司和炒蛋的白飯中，還有哪個孩子不愛吃飯呢？

工具

平茶碗 1 個

保鮮膜 1 張

調味料

黑胡椒 適量

鹽 適量

美乃滋 1/2 小匙

材料（4個份）

溫熱白飯 2 碗（320g）

迷你德腸 4 條

料理油 1/2 小匙

巴西利葉 適量

布里或卡蒙貝爾起司 30g
切成 1 公分小丁

雞蛋 1 個

作法

❶ 雞蛋打散，混和美乃滋和鹽，倒入已加熱加油平底鍋，翻炒成炒蛋，用鏟子稍微切碎，盛起。

❷ 白飯拌入炒蛋、起司丁和黑胡椒，混拌均勻，分成 4 等份。

❸ 德腸切斜切紋，再用油鍋煎焦香。

❹ 依平茶碗鑲餡手法組合飯糰。碗中鋪保鮮膜，放德腸和一份混拌的飯，再用保鮮膜包起，隔著保鮮膜將飯握捏成三角形。

❺ 揭開保鮮膜，裝飾巴西利葉。

起司培根炒蛋飯糰

我們都喜歡在麵包上塗上厚厚的奶油烤香，放一片稍厚的奶油乳酪，一片煎得焦香的培根，再高高地堆上柔嫩的炒蛋，這樣簡單的組合，卻充滿了魔力，讓人百吃不厭。如果將麵包換成米飯呢？我發現糙米飯帶著類似麵包的穀物香，很適合搭配西式早餐的素材。更棒的是這樣的組合是麩質過敏者的一大福音呢！

工具

平茶碗 1 個

保鮮膜 1 張

材料（4個份）

溫熱糙米飯 2 碗（320g）
（建議使用較黏品種如台中 194 和台南 14 或台南 20 號米）

厚片培根 根據培根寬度，切成 4 個正方形

奶油乳酪 30g，切成 4 片

乾燥或冷凍巴西利葉 適量

雞蛋 2 個

奶油 1/2 小匙

調味料

黑胡椒 適量

鹽 適量

鮮奶油 2 小匙

作法

❶ 平底鍋加熱，加入培根煎熟，盛出。

❷ 混和蛋液、鮮奶油和鹽，倒入平底鍋，炒成炒蛋，分成 4 等份。

❸ 溫熱糙米飯拌入巴西利葉和黑胡椒，分成 4 等份。

❹ 平茶碗鋪一張保鮮膜。先鋪一片培根，再放一片起司和炒蛋，最後放進一份糙米飯。

❺ 將保鮮膜收口，讓培根保持在平面中心，握捏成三角形。

❻ 揭開保鮮膜，在飯糰上撒黑胡椒粉和巴西利葉，趁熱享用。

蒲燒鰻小黃瓜飯糰

這幾年因爲疫情影響，台灣的鰻魚外銷受阻，市場上紛紛推出冷凍蒲燒鰻和白燒鰻眞空包，因爲價格親民且加熱卽食非常方便，廣受宅在家的主婦們歡迎，作爲飯糰餡料更是相得益彰。

材料（4個份）

溫熱白飯　2碗（320g）

蒲燒鰻　切成約3平方公分，4塊作爲鑲餡用

另切蒲燒鰻4公分段，再切成1平方公分小丁作爲拌餡料用

錦系蛋絲　1大匙

小黃瓜　半根切薄片，用重量2%的鹽醃使軟化出水，並擠乾

山椒粉　適量

作法

❶ 白飯拌入小黃瓜片、錦系蛋絲和蒲燒鰻丁，拌勻後，分成4等份。

❷ 平茶碗中鋪保鮮膜，碗底中央放蒲燒鰻，再倒進拌好的飯。

❸ 將保鮮膜收口，注意須讓鰻魚在平面中心，再隔著保鮮膜將飯握捏成三角形。

❹ 揭開保鮮膜，在飯糰上撒山椒粉。

蔥香迷你
小卷小黃瓜
飯糰

小卷是我小時候的回憶，母親會
用大量的嫩薑絲或蒸或炒，讓我
們早餐配稀飯吃。

小卷有各種尺寸，幼時覺得迷你
小卷特別可愛，待咬下去才發現
也特別鹹，得趕緊喝一口粥。

看到高級料亭在推日本的螢烏
賊，我卻總想起我們常吃的迷你
小卷。和小黃瓜搭配做成飯糰，
很適合夏日流汗多的日子。

材料（4個份）

溫熱白飯 2 碗（320g）

熟白芝麻 1 大匙

鹽漬小黃瓜片 2 條

燒海苔 8 切 5 條（海苔不夠長時，
可剪一小段接上）

熟迷你小卷 6 尾

蔥末 1 小匙

薑絲 1 小匙

熟白芝麻 1 小匙

調味料

米酒 1 小匙

油 1 小匙

香油 少許

作法

① 平底鍋加油炒薑絲和蔥末，加入迷你小卷和酒和 1 大匙水，炒至收汁，滴幾滴香油。

② 取 2 尾小卷切碎粒。

③ 白飯加入白芝麻和迷你小卷碎粒，拌勻，分成 4 等份。

④ 依平茶碗鑲餡手法鑲小卷在飯糰表面。

⑤ 將燒海苔從飯糰外圍圈起固定。

⑥ 表面裝飾蔥花和白芝麻。

包餡飯糰

露餡

　　當飯糰的餡料尺寸比較大，一截餡料露出在白飯之外時，擺明著根本就是一種公然的誘惑！

　　露餡飯糰最具代表的便是炸蝦天婦羅飯糰了。微微彎曲、誘人酥香的紅色蝦尾巴露出飯糰，這可不只是角落生物而已，埋在飯裡的是整尾沾著醬汁的天婦羅炸蝦。

　　已有60年歷史的炸蝦天婦羅飯糰誕生於日本三重縣的津市，一位天婦羅店的闆娘為了忙碌無暇吃飯的丈夫，把比較小的炸蝦天婦羅包進飯糰裡，作出小巧方便食用的炸蝦天婦羅飯糰。果然，「愛」創造了一切美好的事物，當然也包含這道美食！

　　這款餡料飯糰有趣之處正是你看到的到底是冰山的一角呢？還是如外表所示？只有自己咬下去才知道囉。

　　作為飯糰第一課最後一種飯糰，露餡飯糰對很多初學者來說有些困難。但熟能生巧，多練習幾次，必可掌握訣竅喔。

露餡飯糰作法

❶ 手沾濕，均勻抹鹽。

❷ 取飯量的1/2在左手掌中做成「飯皮」。

❸ 將餡料放在飯上，露出部分餡料。

❹ 取另一份飯也輕壓成飯皮。

❶ 包住餡料，輕壓，使兩片飯皮黏貼在一起，但頂端露出部分餡料，先放旁邊。

❻ 手再沾濕，抹手鹽。

❼ 將飯糰立起，放在左手的夾子。

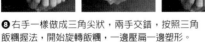

❽ 右手一樣做成三角尖狀，兩手交錯，按照三角飯糰握法，開始旋轉飯糰，一邊壓扁一邊塑形。

❾ 完成。

蔬菜什錦炸飯糰

什錦炸是主婦處理冰箱剩餘食材的好方法，將所有食材都切成小粒或絲或條，加麵糊，隨手一炸即可。單單吃很美味，和飯的組合也相當迷人，試試看不沾天婦羅醬汁，而用好吃的海鹽調味，另有一番滋味。

材料（6個份）

溫熱白飯 2 碗（320g）

熟毛豆、蠶豆或玉米粒 80g

洋蔥絲或牛蒡絲 40g

手鹽 適量

海苔 8 切 6 條

麵衣

麵粉 40g

油 1/2 小匙

清水 40ml

全蛋液 1/3 顆

作法

❶ 所有什錦炸食材混和，加 1/2 小匙的低筋麵粉，拌勻。

❷ 調麵衣糊，舀 2 ～ 3 大匙麵糊到入什錦炸食材拌勻。

❸ 取一大湯勺，舀一匙什錦炸麵糊，用筷子將食材聚攏，順著湯匙形狀塑形。

❹ 下 160 度油溫的油鍋炸至金黃香酥即可起鍋。瀝油備用。

❺ 什錦炸可依個人喜愛沾海鹽或天婦羅醬汁調味。

❻ 將白飯分成 6 份，再依露餡手法將蔬菜炸包進飯裡。

❼ 雙手沾濕，再沾手鹽，將飯糰塑形成太鼓形。

❽ 貼上海苔，即完成。

炸蝦天婦羅飯糰

材料（5個份）

溫熱白飯 2 碗（320g）

手鹽 適量

燒海苔 6 切 5 枚

白蝦 5 尾

低筋麵粉 適量

天婦羅麵衣

　蛋 1 個

　冷水 100ml

　低筋麵粉 120g

天婦羅醬汁（味醂：醬油：高湯 =1：1：4）

　味醂 1/4 杯

　醬油 1/4 杯

　柴魚昆布高湯 1 杯

作法

❶ 製作天婦羅醬汁。先煮味醂，煮滾之後轉小火，續煮 3 分鐘。

❷ 加入醬油，轉中火，煮至沸騰後，加入高湯，再煮至沸騰，熄火放涼備用。

❸ 製作炸蝦。蝦子去頭剝殼，留尾成鳳尾蝦。注意蝦子尾巴須擦乾水分。

❹ 熱油鍋至攝氏 175 度。蝦子裹一層乾粉，再裹天婦羅麵衣粉漿。

❺ 將蝦子下鍋炸，浮起後再炸 30 秒，然後撈起炸蝦，泡入天婦羅醬汁中。

❻ 取出，瀝乾汁液備用。

❼ 白飯分成 1 份 60g，每 1 份再分成 2 小份。

❽ 依照露餡飯糰的作法將蝦子包好，可酌量抹上手鹽。

❾ 再用燒海苔圍成圍巾狀即可。

在白飯裡面拌入黑芝麻，或是加入鹽漬蔬菜、玉米或毛豆，會更有層次。

大戶屋風
黑醋雞飯糰

很多人總覺得製作炸物有點門檻，或者怕麻煩，擔心剩油量過多不好處理。建議可以趁一次多炸一點冷凍，成為非常好利用的常備菜。例如唐揚雞塊加入黑醋醬，變身成孩子喜愛的大戶屋黑醋雞，便是其中一種變化。為了完整呈現定食屋的黑醋雞，飯糰裡鑲了炸雞之外，再加炸藕片和胡蘿蔔片，立刻色彩繽紛了起來，又營養又豪華。

材料

基本唐揚雞 5 塊
溫熱白飯 2 碗（320g）
香菜 2 株 洗淨瀝乾，切碎約 10g
蓮藕 1mm 薄片 3 片，切一半泡水備用
胡蘿蔔 1mm 薄片 5 片，用模型押花
海苔 4 切 5 條
裝飾用香菜葉 適量

調味料

番茄醬 1 大匙
糯米醋 1 小匙
黑醋 1 大匙
砂糖 1 大匙
鹽 少許
清水 1 大匙
太白粉水 1 小匙

作法

❶ 藕片和胡蘿蔔片用平底鍋加 1 公分的油炸熟，瀝油備用。
❷ 熱鍋，加入調味料，小火煮滾，加入太白粉水勾芡。
❸ 加入炸雞拌炒，使炸雞塊表面均勻裹上糖醋醬。
❹ 溫熱白飯分成 5 份。
❺ 依徒手鑲餡手法包進糖醋雞塊，整形成三角形，再用海苔包好。
❻ 炸雞與飯的中間用炸蓮藕片和胡蘿蔔片裝飾。

紫蘇茄味噌飯糰

這個飯糰口味在台灣比較罕見，但在日本有些飯糰專賣店卻是銷售第一呢！茄子可以不用晒過，但晒過的茄子味道更濃郁，口感較脆口，很建議大家試試看。夏天時盛產茄子，可以一次做3條起來，放在冰箱冷藏，也是很棒的常備小菜。

材料（4個份）

溫熱白飯 400g

燒海苔 半切 4 張

新鮮長茄 2 條

綠紫蘇葉 5 片

調味料

味噌 2 大匙

味醂 1 大匙

水 1 大匙

太白胡麻油 2 大匙

作法

❶ 茄子斜切成 0.5 公分厚度的切片，泡在 1.5% 的鹽水中約 3 分鐘，瀝乾備用。

❷ 將茄子片不重疊地鋪放在濾網上，晒 3 小時。

❸ 味醂加入味噌和水攪拌均勻。

❹ 綠紫蘇葉洗淨，撕成一口大小或切絲。

❺ 平底鍋熱油，加入茄子拌炒。

❻ 倒入拌好的調味料，拌炒均勻後熄火，如要現吃則加入綠紫蘇葉。

❼ 白飯均分成 4 份，依照露餡飯糰手法包進 1 大匙紫蘇味噌茄，並露出部分的茄子。

❽ 用燒海苔包裹飯糰。

迷你漢堡飯糰

材料（4個份）

溫熱白飯 160g

生菜 4 小片

起司 1 片分成 4 片

燒海苔 八切 4 條

鵪鶉蛋 4 顆

牛豬混和絞肉 100g（牛：豬 =3:1）

洋蔥末 30g

麵包粉 1 大匙

牛奶 1 大匙

鹽 適量

黑胡椒 適量

肉豆蔻 適量

簡易燒烤醬汁
以下材料調勻

番茄醬 1/2 大匙

伍斯特醬 1 大匙

蠔油 1 大匙

漢堡排是極光料理課最受歡迎的課程之一，同學現場試吃過後總說：「這味道和我在日本吃的一模一樣！」日式的漢堡排很適合搭配白飯，煎得焦香的漢堡肉、流動的蛋黃和醬汁三位一體，超級下飯。我試著做成迷你版，可愛又好吃，一口一個，絕對讓孩子讚不絕口。

作法

❶ 洋蔥加奶油炒香，放涼。

❷ 絞肉拌勻，加入鹽，炒過的洋蔥末、泡牛奶的麵包粉和其他調味料拌勻，分成 4 等份。

❸ 將肉餡放在手掌中來回輕拍約 10 來下，去除空氣。整形成橢圓形。

❹ 平底鍋中火燒熱油，放漢堡肉，用小火煎至兩面焦黃並熟透即可起鍋。

❺ 煎鵪鶉太陽蛋，如果要帶便當，蛋煎全熟為佳。

❻ 將飯分成 4 等份。

❼ 依露餡手法將生菜、漢堡肉和起司包進飯糰裡，再圍上海苔固定。

❽ 最後裝飾鵪鶉太陽蛋，再淋上燒烤醬汁。

唐揚雞飯糰

唐揚雞就是日式炸雞，基本的日式炸雞通常是鹽味，
如果加了醬油的則稱為龍田揚，兩種都適合包飯糰。
特別奇妙的是，單單吃炸雞可能會覺得稍嫌油膩，但
是包在飯糰裡，油脂、肉汁、酥脆的炸衣和白飯竟交
融出和諧又各自美味的食感，海苔的海潮味和紫蘇都
有加分效果，是我個人非常喜愛的飯糰之一。

材料（5個份）

溫熱白飯 2 碗（320g）

綠紫蘇葉（大葉） 5 片

基本唐揚雞 5 塊

燒海苔 4 切 5 張

手鹽 適量

美乃滋 適量

準備工作

❶ 白飯均分成 5 等份。

❷ 依露餡手法將紫蘇葉和基本唐揚雞包進飯中。

❸ 雙手沾濕，再沾手鹽，將飯糰塑形成三角形。

❹ 以穿大披肩方式，以海苔包裹飯糰。

❺ 搭配美乃滋食用。

爌肉飯糰

爌肉和白飯當然是絕配。帶點滷汁和油脂的爌肉,最適合比較不會被浸潤且彈牙的台南16米了。這款飯糰的發想來自於尾牙的刈包,鹹香的爌肉撒上炒酸菜和花生粉,更襯托出白飯的甜味。

材料（6個份）

溫熱白飯 2 碗（640g）	五花肉 寬約 5 公分 1 條（約 300g）	黑龍老滷醬 80ml
炒酸菜 2 小匙	蔥 1 枝	濃口醬油 2 大匙
加糖花生粉 1 大匙	薑 1 顆	冰糖 1 大匙
燒海苔 3 切 6 條	八角 1 顆	紹興酒 1 大匙
香菜 適量		

作法

❶ 冷水下肉,煮至水滾後 5 分鐘,撈除浮沫,將肉撈起,用冷水清洗。

❷ 將肉切成約 1.5 公分厚的肉片。

❸ 滷鍋中加油,炒香薑片和蔥段。

❹ 加入所有材料,加水淹過肉,煮滾後撈除浮沫,轉小火,加蓋煮 1 小時。

❺ 熄火,燜 1 小時,靜置隔夜更佳。

❻ 白飯均分成 6 份。

❼ 依露餡飯糰方法將一塊爌肉包進飯糰中,再包海苔。

❽ 食用前撒酸菜末和花生粉,喜愛香菜者可酌加。

照燒鮭魚海帶芽飯糰

常常跟大家分享，飯糰的餡料味道須重一點，方能凸顯冷飯的滋味。除了方便的鹽烤鮭魚之外，建議大家可以試試醬油和味醂燒成的照燒鮭魚，醬香鮮美，白飯中拌入海帶芽，使口感更豐富。

材料（4個份）

溫熱白飯 2 碗（320g）
海帶芽 1g，泡水軟化
後切碎擠乾水分
黑芝麻 1/2 大匙
鮭魚 4 塊共 160g
手鹽 適量
燒海苔 4 切 2 片

照燒調味料

醬油 1 大匙
味醂 1 大匙
酒 1/2 大匙
水 2 大匙

作法

❶ 鮭魚擦乾，下平底鍋兩面煎黃，加入照燒調味料，收汁即可。

❷ 白飯拌入海帶芽和黑芝麻，拌勻分成 4 等份，再依露餡手法將鮭魚包進飯糰。

❸ 再用海苔包裹即可。

梅肉炸鯖魚龍田揚飯糰

鯖魚的營養眾所周知,且薄鹽醃漬後冷凍處理的鯖魚片非常普及,價格親民,到處都有販售。因爲鯖魚的味道較重,我先以醬油醃漬,做成龍田揚以去腥味;另外,在白飯裡加了梅肉,一來開胃、二來去腥、三可防腐,可說是一舉數得。

材料（5個份）

溫熱白飯 2碗（320g）

日式醃梅 2粒去籽

較小的薄鹽鯖魚 1/2尾

燒海苔 4切5條

手鹽 適量

白芝麻 適量

調味料

醬油 1大匙

味醂 1小匙

酒 1/2小匙

太白粉 適量

作法

❶ 鯖魚均切成5塊,並仔細去刺,且剪除硬硬的鰭邊。

❷ 魚塊用除了太白粉的調味料醃10分鐘後瀝乾。

❸ 鯖魚塊均勻沾太白粉,下170度油鍋炸至均勻上色,起鍋瀝乾。

❹ 白飯加入醃梅肉拌勻,均分成5等份。

❺ 依照露餡手法,每份飯包一片鯖魚肉。

❻ 手沾濕,沾手鹽後抹開,將飯糰塑形成三角形。

❼ 用披肩式海苔包法,將飯糰包裹好。

❽ 表面撒白芝麻。

高湯玉子燒飯糰

材料（5個份）

蛋 3顆

柴魚昆布高湯 30m（可使用清水和牛奶代替）

糖 2小匙

鹽 1/2小匙

溫熱白飯 2碗（320g）

燒海苔 6切5條

手鹽 適量

玉子燒是秒殺的便當菜，幾乎沒有人不喜歡玉子燒。有一次在課堂上，同學說吃素，在臨時沒有準備的情況下，我當場煎了牛奶玉子燒，代替炸蝦天婦羅，大受好評。

爲求軟嫩和味道層次，玉子燒通常會加柴魚昆布高湯，但如果吃素或沒有高湯的狀況下，加清水、牛奶或豆漿也沒有問題。

作法

❶ 將所有材料混拌打勻。

❷ 使用玉子燒鍋或平底鍋都可以煎玉子燒。將蛋液分4、5勺，先煎一層捲起，再加一勺，捲起成形。

❸ 切成適當大小。

❹ 白飯分成5等份，手沾濕，沾手鹽後，抹開，取一份飯，依照露餡手法包一片玉子燒。

❺ 再用海苔包裹好。

頂餡・包捲・夾餡飯糰

　　除了採用塑形握捏而成的手作飯糰，還有利用飯與餡料分開組合的作法，如仿效壽司捲、握壽司、軍艦壽司和手毬壽司等的組合方式；或仿效漢堡夾餡、飯糰夾餡料的方法，有許多有趣的變化型。

　　即使是相同的餡料和白飯，換個形式，除了視覺上的變化，吃到口中的的口感和味道好似也變得不同。

　　這種方法因為是飯與餡料分開組合的，比較不需要徒手塑形的技巧，可利用保鮮膜、模型壓模，使飯得以團聚成形；且餡料表現的方式可以更加華麗多元。

　　近年很流行的台式飯糰和沖繩握飯糰，我則獨立出來另成單元後面介紹。

蜂蜜照燒肉捲
玉米飯糰

無論愛不愛吃肉都會被這款飯
糰虜獲！上過飯糰第二課的肉
捲飯糰後，同學幾乎都會有所
回饋。有位同學說不吃肉的孩
子超愛這款飯糰；而原本不吃
米飯的外國先生，也因為這款
飯糰而破例吃了好幾顆。
可見只要換個烹調方式，加點
巧思，哪有偏食這種問題呢？

材料（5 個份）
溫熱白飯 1 碗（160g）
熟玉米粒 可用加熱過的冷凍品
涮涮鍋肉片 牛或豬皆可，五花肉尤佳
青蔥末 1 根

調味料
醬油 2 大匙
酒 2 大匙
味醂 2 大匙
蜂蜜 2 小匙

裝飾用料
白芝麻
七味粉

作法

❶ 白飯拌入玉米粒，加入青蔥末，拌勻，均分成 5 等份，捏成小的橢圓形。

❷ 肉片展開，如較小片，可以 2 片重疊，飯糰放在肉片 1/4 處，肉片包裹往上飯糰，往上緊緊包捲，收口處撒太白粉，收好，包緊。

❸ 手沾太白粉，再如捏飯糰要領，再把肉捲飯糰包緊實。

❹ 鍋加油燒熱，轉小火，肉捲收口處先貼鍋，煎牢後再慢慢轉動，每一面都煎到，待肉色轉白。

❺ 鍋底多餘的油請用紙巾擦掉。

❻ 淋上 3 大匙醬汁再加 1 大匙水，蓋鍋蓋，轉小火，燜煮 2 分鐘。

❼ 掀蓋，轉中火收汁，使肉捲沾附濃稠的照燒醬汁。

❽ 可加柚子胡椒、白芝麻或青蔥末或七味粉裝飾。

蛋包飯飯糰

孩子們最愛的蛋包飯，化身爲一個一個便於拿取食用的蛋包飯飯糰，當成正餐或便當都適合。小巧可愛，會讓人不知不覺地一個接一個地吃下肚。

材料（4個份）

薄蛋皮 4 長條

白飯 200g

雞腿肉 100g，切成 1 公分立方塊

洋蔥末 1 大匙

無鹽奶油 10g

調味料

番茄醬 3 大匙

鹽 適量

黑胡椒 適量

作法

❶ 平底鍋加熱融化奶油，炒香洋蔥末。

❷ 加入雞肉拌炒，炒至肉色轉白，加鹽和黑胡椒調味，再炒 3 分鐘。

❸ 加入白飯翻炒拌勻，使之不結塊。

❹ 再加入番茄醬，使白飯整體上色均勻。再用鹽和黑胡椒調味。

❺ 番茄雞肉炒飯分成 4 等份待涼。

❻ 將飯捏製成俵形，外圈裹薄蛋皮，並裝飾番茄醬。

袱紗飯糰

材料

溫熱白飯 1 碗（160g）

薄蛋皮 3 張

鴨兒芹、菠菜或小松菜 汆燙過的莖帶葉 3 條

乾燥羊栖菜 1 小匙，加水泡發

胡蘿蔔細絲 1 大匙

乾香菇 泡開 2 朵

熟花形胡蘿蔔片 3 片

調味料

油 2 小匙

醬油 1 小匙

味醂 1 小匙

袱紗壽司在賞花便當裡常常出現。我沒有使用醋飯，只用拌料拌在飯中，同樣以袱紗壽司手法包裹，美麗而可口。

作法

❶ 熱油鍋，炒香菇，胡蘿蔔和羊栖菜，加醬油和味醂調味。

❷ 將拌料瀝乾，油水拌進飯中，拌勻後分成 3 等份。

❸ 將拌飯捏製成俵形，橫放在蛋皮下方 1/3 處，包捲收邊。

❹ 翻回正面，擺花形胡蘿蔔片，綁菜葉固定。

手毬風蒲燒鰻飯糰

日本人在夏季的土用丑日這天有吃鰻魚的習慣。愛吃如我，總會找理由享受美食。一樣的材料，在這天做成漂亮的手毬飯糰，放在便當盒裡，讓孩子或家人帶著出門。喜歡這樣跟著季節走的儀式感。

材料 （4個份）

溫熱白飯 1 碗（150g）
市售蒲燒鰻 切成約 3 公分寬 4 塊
錦系蛋絲 2 大匙
小黃瓜長薄片 4 片用鹽醃使軟化出水
山椒粉 適量
手鹽 適量

作法

❶ 將白飯分成 4 等份，手沾濕，抹手鹽，每顆都握成稍高的太鼓形。
❷ 外圍圈上小黃瓜薄片，上方鋪錦系蛋絲，最後擺上蒲燒鰻，再撒山椒粉。

午餐肉飯糰

午餐肉（SPAM）飯糰是我們家少數會出現的加工食品。約莫10年前的溯溪活動，我幫孩子帶了第一個午餐肉飯糰之後，往後每逢溯溪，孩子就會指定要帶這款飯糰，並讓我多做幾個，以便和朋友一起分享。午餐肉曾經是美軍戰時和戰後經濟蕭條時人們的蛋白質來源，由於家父是西餐廚師，所以小時候我們家常常吃。

溯溪活動的運動量大，在冷冽的溪水和炙熱的陽光交錯下穿梭，孩子需要的熱量和隨著汗水消耗的鹽分，就是要份量十足、口味較重的午餐肉飯糰來補充。

材料（4個份）

溫熱白飯 2 碗（約 320g）

午餐肉 4 片（1 罐約橫切成 6 ～ 8 片）

薄玉子燒 2 片

起司 2 片

綠紫蘇葉 4 片

燒海苔 6 切 4 片

作法

❶ 午餐肉先用一點油將兩面煎香。

❷ 白飯分成 4 等份，手沾濕，抹開一指鹽，捏塑成形似午餐肉的小判形。

❸ 在飯糰上放玉子燒或起司，再放午餐肉和紫蘇葉，最後用海苔包裹起來固定即可。

低溫烤牛肉飯糰

這款飯糰很適合正餐、宴會或小酌時，可以吃巧又吃飽，重點是簡單又豪華，老少咸宜。大家最擔心的火候，交給時間和烤箱低溫烘烤就行了，不需要舒肥棒或高檔的設備，在家也能享受大餐。

材料（6個份）

溫熱白飯 2 碗（約 320g）

烤牛肉片 6 片

手鹽 適量

鹽昆布、海鹽、玫瑰鹽或黃芥末醬 適量

炙烤牛肉片

牛臀肉、牛肩里肌肉或威靈頓牛排用菲力條 500g

煎牛肉用奶油 15g

醃料

鹽 牛肉重量的 1% ～ 2%

蒜泥 1 小匙

黑胡椒 2 小匙

調味料

鹽、黑胡椒 適量

烤牛肉用奶油 15g，切小丁

工具

錫箔紙 1 張

準備工作

❶ 牛肉完全解凍，並且回復後放置室溫至少 1 小時。

❷ 在烹調前的 10 到 15 分鐘，在牛肉的整體表面均勻塗抹醃料。

❸ 烤箱預熱至攝氏 120 度。烤盤上放烤網，並注入 1 杯的水。

❹ 牛肉上面放烤牛肉用奶油，進烤箱烤 40 分鐘。（可視烤箱加熱速度調整時間）

❺ 燒熱平底鍋，加入煎牛肉用奶油待油融化並微微冒煙，放下牛排將表面煎上色。

❻ 煎好的牛排，再用鹽與黑胡椒調味，放在烤網上，下面墊烤盤接肉汁。

❼ 蓋上鋁箔紙，靜置 10 分鐘再切成適當大小。

作法

❶ 將白飯均分成 6 份，手沾濕抹手鹽，捏塑成圓球或俵形。

❷ 其上覆蓋炙烤牛肉片，再裝飾喜愛的配料，如鹽昆布等。

鹽烤鯖魚飯糰

要將鯖魚做為飯糰的餡料，最擔心的便是腥味了。這時候多花一點功夫在飯上，比如加一點青蔥和醃黃蘿蔔，可降低魚的味道之外，且整體更層次分明，味道均衡協調。

材料（5個份）

溫熱白飯 1 碗（160g）
日式醃黃蘿蔔 20g 切碎末
細香蔥 1 小把切末
小型薄鹽鯖魚 1 尾

調味料

酒 1 大匙
鹽 1 小匙

作法

❶ 鯖魚去刺和硬硬的鰭邊，表面畫斜刀痕，加酒和鹽醃過。

❷ 平底鍋加油，開火將鯖魚煎成金黃微焦，起鍋瀝油備用。

❸ 飯加細香蔥和黃蘿蔔末拌勻。

❹ 取一張保鮮膜，將鯖魚皮面朝下橫放。

❺ 將飯堆放在鯖魚上面，順著鯖魚的形狀，整理出一樣厚度的飯。

❻ 利用保鮮膜包捲起來，兩邊如捲糖果般旋緊。

❼ 再用刀子切出剛好的大小。

燒菇松露飯糰

材料（4個份）

溫熱白飯　1 碗（160g）

松露醬　2 小匙

巴西里葉　適量切末

新鮮香菇　4 朵

手鹽　適量

調味料

醬油　1/2 大匙

味醂　1/2 大匙

水　1/2 大匙

鮮香菇鮮美多汁，尤其是整朵烹調不切開，更可保留菇香和鮮美的汁液。在飯裡拌入松露醬和巴西里葉，搭配有醬油香的鮮香菇，更是相得益彰。

作法

❶ 香菇去蒂頭，下油鍋兩面煎香後加入香菇調味料，一邊煮一邊翻面，直到收汁。待涼備用。

❷ 白飯混拌松露醬和巴西里葉末，拌勻。

❸ 分成 4 份，捏成俵形。

❹ 再將香菇鑲在飯上，用手握捏，使香菇與飯成為一體。

甜柿
櫻桃鴨胸飯糰

現在買本土櫻桃鴨胸非常方便，簡單用鹽和黑胡椒調味，煎一煎或烤一烤就是法式煎鴨胸。鴨胸肉有點腥味，建議使用加烈酒（如波特酒）醃製後再進行烹調，即可享受鮮嫩美味的鴨肉。另外，法式鴨胸通常會與香吉士搭配，做成香橙口味，我喜歡使用香氣突出的台灣水果入菜，如甜柿、芒果等，別緻又美味，在地季節感十足！

材料（4個份）

溫熱白飯 1 碗（160g）
香煎法式櫻桃鴨胸肉片 4 片
細香蔥 1 小把切末

法式櫻桃鴨胸材料

櫻桃鴨胸 1 枚
甜柿片 2 公分薄片 4 片

調味料

鹽 1 小匙
黑胡椒 適量
波特酒 1 大匙
海苔 12 切 4 條
柚子胡椒、黃芥末醬或濃縮巴薩
米可醋 適量

作法

① 鴨胸解凍後，修除多餘的脂肪和筋膜。

② 用刀子在鴨皮劃出間隔 0.5 公分格子紋路，深度約皮厚度 2/3 的刀痕。

③ 鴨胸表面塗抹波特酒，再用鹽和黑胡椒塗抹表面醃漬 30 分鐘。

④ 平底鍋加熱加油，先放鴨皮面煎，中火煎 3 分鐘後，倒出鴨油，翻面再煎 3 分鐘，再倒出鴨油。

⑤ 鴨胸覆蓋錫箔紙，放進預熱 200 度烤箱中烤 7 分鐘。

⑥ 取出錫箔紙，靜置 10 分鐘再切片。

⑦ 將白飯均分成 4 等份。

⑧ 手沾濕加手鹽，捏製成俵形。

⑨ 其上放甜柿切片、鴨胸，再用海苔圈起固定，搭配點綴喜愛的調味料，如黃芥末醬、柚子胡椒或濃縮巴薩米可醋等。

迷你薑燒豬肉珍珠堡

薑燒豬肉米漢堡是大家都熟悉的口味,在家自己做並不難,以珍珠堡的形式把餡料夾在兩片飯的中間,可以隨心所欲增加份量,吃起來更過癮。需要注意的是,盡量選擇黏性高一點的米飯,珍珠堡才容易成形。

工具

直徑 5 公分的圓形
餅乾或慕斯模 1 個

材料(4個份)

溫熱白飯 200g

薑燒豬肉片 2 片

生菜 2 片

燒海苔長條 4 條

調味料

薑汁 1 大匙

醬油 2 小匙

酒 1 小匙

味醂 2 小匙

麵粉 適量

作法

❶ 白飯分成 8 等份,用餅乾模塑形成圓餅狀,需壓緊實一點。

❷ 豬肉片表面薄撒麵粉,起油鍋,兩面煎變色後倒入調味料(除麵粉外),待微收汁即可。

❸ 將豬肉片切成約 4 公分大小。

❹ 取一片米餅,上面放撕成適當大小的生菜葉,再放肉片 2 到 3 片、再放生菜葉最後蓋上一片米餅,中間用海苔圈起固定。

泡菜炒豬肉
爆彈飯糰

爆彈飯糰也是組合式的夾餡飯糰。先做好小圓球飯糰，包好海苔之後，用刀子在海苔面劃一道切口，直接夾進喜愛的餡料。因為通常都做得比較小，很適合細小餡料，或想一次呈現多種餡料時使用。帶便當、野餐或吃巧不吃飽的下酒小菜都很適合。

這種飯糰如果只切一刀，叫爆彈飯糰，如果切十字刀，則稱為石榴飯糰。

材料（8個份）

溫熱白飯 2碗（320g）

泡菜炒豬肉 適量

海苔 全切2張，每張均分切成4張小長方形

白芝麻 適量

蔥末 適量

泡菜炒豬肉

梅花豬火鍋肉片 50g

酒 1小匙

泡菜 30g

大蒜末 1/2顆

韓國麻油 1小匙

作法

❶ 起油鍋，炒香大蒜末和豬肉片，加酒繼續翻炒。

❷ 待肉片轉白，加泡菜翻炒拌勻，撒白芝麻。

❸ 白飯均分成8等份，握捏成小圓球，用海苔包裹後，用刀子在飯糰表面劃一刀口。

❹ 夾入一份豬肉和泡菜。

❺ 裝飾白芝麻和蔥末。

烤年糕風肉捲飯糰

我們都愛吃烤年糕，愛女因為開始矯正牙齒有兩年不能吃年糕，我將白飯外面捲五花肉，用甜甜鹹鹹的醬油調味，再裹上海苔，變身為烤年糕風的飯糰，撒一點七味粉，更是有滋有味，忍不住一個接一個吃。

材料（8個份）

白飯 一碗（160g）
薄五花肉片 16 片
海苔 8 切 8 張

調味料

濃口醬油 2 大匙
味醂 2 大匙
料理油 少許

裝飾用料

乾辣椒絲
七味粉

作法

❶ 白飯平舖調理小盤，用手壓緊實，均分成 8 等份，捏成小的俵形。

❷ 肉片展開，2 片重疊，交疊處用太白粉黏接。

❸ 飯糰放在肉片 1/4 處，肉片包裹往上飯糰，往上緊緊包捲，收口處撒太白粉，收好，包緊。

❹ 手沾太白粉，再如捏飯糰要領，再把肉捲飯糰包緊實。

❺ 鍋加油燒熱，轉小火，肉捲收口處先貼鍋，煎牢後再慢慢轉動，每一面都煎到，待肉色轉白。

❻ 鍋底多餘的油用紙巾擦掉。

❼ 淋上醬汁再加 1 大匙水，蓋鍋蓋，轉小火，燜煮 2 分鐘。

❽ 掀蓋，轉中火收汁，使肉捲表面沾附醬汁。

❾ 用海苔從中間包裹。

❿ 表面可撒辣椒絲或七味粉以增添風味。

龍虎斑龍田揚薑黃爆彈飯糰

台灣養殖的龍虎斑最美味了，集結龍膽和老虎兩大石斑魚的優點，龍虎斑肉質鮮嫩中帶有彈性，而且價格親民，不用上傳統市場也可買到。

薑黃可抗發炎，加上黑胡椒的抗癌協同作用更讚。作法很簡單：兩杯米+1小匙薑黃粉+1小匙鹽+1片月桂葉和適量黑胡椒，按照正常煮飯程序及可煮成色澤誘人，引人食慾的薑黃飯。薑黃和有芋香、七葉蘭香味的米搭配特別適合。

材料（8個份）

溫熱薑黃飯 2 碗（320g）

龍虎斑龍田揚 8 小片

燒海苔 全切 2 張，切成 8 張小長方

市售梅子漿 適量

龍虎斑龍田揚

龍虎斑魚片 50g　　薑汁 1 小匙

醬油 1 大匙　　　　蒜泥 1 小匙

味噌 1 小匙　　　　胡椒粉 1/4 小匙

酒 1 小匙　　　　　太白粉 2 大匙

作法

❶ 龍虎斑魚片去骨刺，切成約 3 公分小片，加調味料醃 10 分鐘。

❷ 瀝乾後沾裹太白粉，用溫度約170度，深度約 4 公分的油，炸 2 分鐘。

❸ 起鍋，瀝乾，等 5 分鐘，再用 180 度油溫炸 1 分鐘，起鍋瀝油備用。

❹ 薑黃飯均分成 8 等份，握捏成小圓球，用海苔包裹後，用刀子在飯糰表面劃一刀口。

❺ 夾入一片炸龍虎斑，一片生菜葉，綴以梅子漿。

沙茶梅花豬薑黃米漢堡

沙茶口味一向是我最愛的味道，我嘗試將米漢堡做成漢堡包的形狀，看起來會更可愛。

道具

直徑 9 公分的小碗　1 個
直徑 8 公分的圓形圈模　1 個

材料（2個份）

溫熱薑黃飯　240g
火鍋用梅花豬肉片　100g
洗淨擦乾的生菜　4 片
洗淨擦乾的紫高麗葉　2 片
荷包蛋　2 顆

沙茶肉片調味料

酒　1 小匙　　　蒜末　1 顆
麵粉　1 小匙　　醬油　2 小匙
料理油　適量　　沙茶醬　2 小匙

漢堡調味料

美乃滋　適量
花生醬　適量

作法

❶ 薑黃飯均分成 4 等份，兩份用沾濕的小碗壓成圓頂形，倒扣出來成為漢堡上蓋；另兩份用圓形圈模塑形成圓餅狀下座，都需要壓緊實一點。

❷ 肉片加酒和麵粉醃 10 分鐘。

❸ 起油鍋，炒香蒜末，肉片下鍋炒變色後，倒入剩餘調味料，待微收汁。

❹ 取一片下座，上面放生菜葉→塗美乃滋→再放一半沙茶肉片→放紫高麗葉→荷包蛋→花生醬→最後蓋上一片圓頂上蓋。

牛肉壽喜燒
起司米漢堡

材料（2個份）

溫熱白飯 240g
雪花牛肉片 100g
洗淨擦乾的生菜 4 片
番茄橫切片 2 片
起司 2 片

牛肉片調味料

酒 2 小匙
麵粉 1 小匙
料理油 適量
醬油 1.5 大匙
味醂 小匙
糖 1 小匙

漢堡調味料

美乃滋 適量

道具

直徑 9 公分的小碗 1 個
直徑 8 公分的圓形圈模 1 個

作法

❶ 白飯均分成 4 等份，兩份用沾濕的小碗壓成圓頂形，倒扣出來成為漢堡上蓋；另兩份用圓形圈模塑形成圓餅狀下座，都需要壓緊實一點。

❷ 肉片加酒和麵粉醃 10 分鐘。

❸ 起油鍋，薑肉片下鍋炒變色後，倒入調味料，翻炒均勻，待微收汁即可。

❹ 取一片下座，上面放生菜葉→塗美乃滋→再放一半份量的牛肉→放番茄片→起司→美乃滋→最後蓋上一片圓頂上蓋。

炸蝦藜麥珍珠堡

我很喜歡自己動手做蝦漿，雖然做工較繁複，但真材實料，食材新鮮無添加，比市售品美味多了。一次多做一點放在冰箱冷凍，炸成蝦餅、金錢蝦餅或夾在春捲皮裡炸成月亮蝦餅都很方便。

材料（1人份）
溫熱白飯 130g
煮熟藜麥 30g
奶油波士頓生菜 2～3 片
洗淨擦乾

炸蝦餅
剁好的蝦仁 約 100g
放冷凍庫冷凍 1 小時
冷凍白表粒豬油 20g
蛋白 1/2 顆
麵包粉 2 大匙
洋蔥丁 20g

調味料
糖 1/2 小匙
鹽 1/2 小匙
黑胡椒 適量

塔塔醬
酸黃瓜 2 條
白煮蛋 1 顆
洋蔥末 小的 1/4 顆
美乃滋 2 大匙
芥末醬 1 小匙
檸檬汁 1 小匙

作法

❶ 將蝦仁切成顆粒加白表粒豬油一起剁成蝦泥，再加蛋白、洋蔥丁和黑胡椒拌勻，沾麵包粉，下油鍋炸成蝦餅，瀝油後備用。

❷ 塔塔醬材料用調理機打碎，再加入美乃滋、芥末醬和檸檬汁拌勻。

❸ 白飯拌入藜麥，均分成 2 份，依序放進模型，按壓成兩個圓餅狀的珍珠堡飯。

❹ 組合珍珠堡：一片珍珠堡飯→生菜→炸蝦排→塔塔醬→珍珠堡飯

咖哩肉捲飯糰

老少咸宜的咖哩飯，也可以用肉捲飯糰呈現。一顆一顆的肉捲飯糰浸泡在咖哩醬料中，肉片包著飯，裹附上迷人的咖哩醬汁，有意想不到的口感，不知不覺就可完食，只會嫌太少不會嫌太多喔。

材料（8個份）

溫熱白飯 1 碗（160g）

豬五花火鍋肉片 約 8 片

洋蔥 1/4 顆 切塊

馬鈴薯 小型 1 顆，切滾刀塊

胡蘿蔔 6 公分段一截，切滾刀塊

蓮藕片 4 片

熟青花菜 4 小朵

調味料

咖哩粉 1 小匙

咖哩塊 2 塊

黑胡椒粉 適量

醬油 1 小匙

鹽 適量

作法

❶ 將捲好的肉捲飯糰先用煎鍋煎定型。

❷ 起鍋，原鍋炒香洋蔥，加入咖哩粉拌炒。

❸ 續加入蓮藕片、馬鈴薯塊和胡蘿蔔塊翻炒均勻後，加醬油和水 400ml，燉煮 15 分鐘待馬鈴薯軟化。

❹ 加入肉捲飯糰，再煮 5 分鐘，熄火，溶入咖哩塊再裝飾熟青花菜。

韓式糖醋肉風肉捲飯糰

材料（8個份）

白飯 一碗（160g）

梅花火鍋肉片 8 片

小黃瓜 半條，切斜切片

洋蔥 1/4 顆，切塊狀

胡蘿蔔 4 公分段切薄片

蓮藕片 6 片

裝飾用紫高麗菜 1 小葉

肉捲用太白粉 適量

肉捲飯糰粉漿

地瓜粉 20g

太白粉 40g

水 160cc

調味料

蘋果醋 3 大匙

砂糖 4 大匙

醬油 2 大匙

鹽 1/2 小匙

水 250cc

太白粉水（1 大匙
水 +1 大匙太白粉）

韓國麻油 適量

作法

❶ 將白飯均分，做成 8 顆俵形飯糰，用梅花肉片包裹成肉捲飯糰，表面撒太白粉。

❷ 調粉漿，將肉捲飯糰沾粉漿。

❸ 油加熱至 160 度，下肉捲炸 3 分鐘，撈起瀝油。

❹ 等 5 分鐘，油加熱至 180 度，再炸 2 分鐘，撈起瀝油。

❺ 熱水加入糖、醋、醬油、紅蘿蔔、洋蔥拌在一起，煮滾，調入太白粉水勾芡，加入
小黃瓜片和紫高麗菜，盛盤，再淋上麻油。

❻ 炸好的粉漿肉捲飯糰沾糖醋醬汁吃，最美味。

煎・烤・炸飯糰

　　據說煎烤飯糰來自於日本新潟的鄉土料理「けんさん焼き」，起源於古時當地農民看見上杉謙信的軍隊用劍尖穿刺飯糰，一邊轉動飯糰一邊在火上烤，而仿效並加以改良成生薑味噌、甜味噌烤飯糰。

　　是寒夜裡娘家為穿越雪地而來飢寒交迫的女兒，留在烤爐上的一道暖心食品，拿在手上直接吃，或者放在碗中，注入熱熱的番茶，作為茶泡飯吃。

　　在現代除了當作過年守歲的宵夜，也常是慶祝新米豐收活動的食物，很多居酒屋更推出烤飯糰，提供為飲酒後的宵夜。

　　炸飯糰則是使用西式的油炸方式，沾麵粉、蛋液和麵包粉後，將麵衣和飯糰表面炸得金黃酥脆。

　　建議趁熱吃，更能享受煎、烤和炸飯糰的美味哦！

煎烤飯糰成功的秘訣

1. 選擇比較黏的米品種，如台梗2、高雄139、高雄145、台中194、台南14或台南20，並趁熱將飯糰握捏成形。
2. 不追求蓬鬆空氣感，需要比一般飯糰更用力握捏，盡量讓飯粒緊緊黏住。
3. 飯糰冷後定形再進行煎烤。
4. 先煎烤後，再在飯糰表面塗醬料。
5. 用平底鍋煎烤飯糰時，鍋中加油，或墊烘焙紙以防沾黏。

煎烤飯糰作法

❶平底鍋加熱加油，或不加油鋪烘焙紙。

❷將飯糰平鋪鍋中，先將底面煎金黃焦香，再翻面煎（可將飯糰5個表面全都煎過，或只煎三角形的正反兩面也行）。

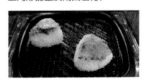

❸煎好的飯糰表面刷上調味用的醬汁，再轉小火煎焦香即可，注意時間和火侯，因為醬料含糖，容易產生梅納反應焦化較快。

❹如果只塗一面比較厚的味噌醬或美乃滋，可進烤箱用240度上火烤，或者使用噴槍直接炙烤。

醬油柴魚烤飯糰

使用你最愛的醬油、味酥和最好的柴魚來做這道飯糰吧！越簡單的料理，越可見真章，越可吃出真滋味。

材料（2個份）

溫熱白飯　1 碗（160 g）

熟白芝麻　1 大匙

本枯節柴魚細絲　1.5g

濃口醬油　2 大匙

味酥　1 小匙

> 利用奶油煎烤飯糰可以讓飯糰表面焦化更快。調味醬油因為加味酥，容易燒焦，須注意火侯並即時翻面。

作法

❶ 將白芝麻和柴魚絲拌入白飯，混拌均勻。調和醬油和味酥，成調味醬油。

❷ 將拌飯均分成 2 等份，手沾濕，稍用力握捏成緊實的三角形。

❸ 平底鍋加熱，加入一般料理油。

❹ 將飯糰平放進鍋中煎，每個平面都煎焦黃後，再一面一面依序塗調味醬油。

❺ 塗好調味料的表面再次煎香後從鍋中取出。

204

冰火烤飯糰油

這顆飯糰仿照港式的冰火波蘿油,煎烤得熱呼呼的甜鹹飯糰,咬下去立刻感受到冰涼的奶油,慢慢在口中融化。濃郁滑順米飯被鹹鹹的奶油包覆,奶香十足、鹹香有味。什麼?減肥?下次再說吧!

材料(2個份)

溫熱白飯 1碗(160g)

熟白芝麻 1大匙

濃口醬油 1大匙

味醂 2小匙

有鹽奶油 10g,切成2塊小正方形

一般料理油 1小匙

無鹽奶油 10g

作法

❶ 白芝麻拌入白飯,混拌均勻,混和醬油和味醂。

❷ 將拌飯均分成2等份,手沾濕,稍用力握捏成緊實的三角形。

❸ 平底鍋加熱,加入一般料理油。

❹ 將飯糰平放進鍋中煎,兩個三角形面都煎焦黃後,再塗調和醬油。

❺ 加入無鹽奶油,轉小火,將塗好調味料的飯糰表面都煎香後從鍋中取出。

❻ 在飯糰表面放一塊有鹽奶油,可用噴槍炙烤一下,趁熱享用。

紫蘇味噌烤飯糰

紫蘇愛好者不能錯過的口味，滿滿紫蘇
葉細絲，和任何其他自製加料調味味噌
一樣，做好的紫蘇味噌可以冷藏保存，
再應用在其他料理上。

材料（2個份）

溫熱白飯 1 碗（160g）

青紫蘇 20 片

生薑末 10g

青紫蘇 2 片

調味料

味噌 100 g

味醂 1 大匙

砂糖 1/2 大匙

太白胡麻油 2 小匙

作法

❶ 青紫蘇洗淨瀝乾，每 10 片捲成一卷，再切成細絲。

❷ 將所有調味料除油之外，混拌均勻。

❸ 熱鍋，倒油，炒香薑末，再加入調味料拌炒均勻。

❹ 續加入紫蘇葉，小心翻炒約 3 分鐘，避免焦糊。

❺ 溫熱白飯拌入紫蘇味噌約 2 小匙，分成 2 等份。握捏成
　三角形。

❻ 每個飯糰再貼上一片紫蘇葉。

❼ 平底鍋加熱加油，將飯糰兩面煎金黃即可。

經典烤味噌飯糰

材料（2個份）

溫熱白飯 1 碗（160g）

田舍味噌 30g

味醂 1 大匙

作法

❶ 將白飯均分成 2 等份，握成三角形。

❷ 調和味噌醬，塗在白飯上。

❸ 放進已預熱 240 度烤箱，烤3 分鐘即可。也可以用噴槍在味噌表面炙燒，待味噌呈微焦香有烤痕即可。

烤味噌飯糰可以說是烤飯糰的經典，如我們在本章介紹燒烤飯糰所述，以薑味噌和甜味噌起始的烤味噌飯糰，漸漸地百花齊放，如柚子味噌、紫蘇味噌和蔥味噌等等。

想要有一點變化，加一點明太子美乃滋，再用噴火槍烤過，鹹香而略帶煙燻風味，非常受大人歡迎。

明太子醬
鮭魚毛豆烤飯糰

材料（4個份）

溫熱白飯 2 碗（320g）

熟毛豆仁 30g

熟烤鮭魚片 100g

手鹽 適量

調味料

美乃滋 2 大匙

明太子 1 小匙

作法

❶ 混和所有材料，拌勻，分成 4 等份。

❷ 手沾濕，均勻抹手鹽，握捏成三角形。

❸ 在飯糰上擠明太子美乃滋，再用噴火槍在表面炙燒出烤痕即可。

剝皮辣椒味噌烤飯糰

剝皮辣椒鹹中帶著甘醇，後勁回辣，是配稀飯和下飯的良友。
將剝皮辣椒剁碎，加入味噌之中調和，是台灣獨有的味道。調
好的味噌醬可直接放在白飯上，沒有食慾時也可以扒上好幾
口，簡直就是台版的白飯小偷。

剝皮辣椒醬

材料	調味料
剝皮辣椒 4 條	味噌 100g
大蒜 1 瓣	味醂 1 大匙
	砂糖 1 小匙
	太白胡麻油 1 大匙

作法

 剝皮辣椒切末，大蒜切末。味噌、味
醂和砂糖先混和均勻。

❷ 熱鍋下油，加入大蒜炒香，
再加入剝皮辣椒末一起
拌炒。

❸ 加入混和好的的味噌
一起拌炒。

材料（2個份）

溫熱白飯 160g
太白胡麻油 1 小匙
剝皮辣椒醬 適量

作法

❶ 將白飯分成 2 等份，握成太鼓形。

❷ 熱油鍋，將飯糰兩面煎至表面焦黃。

❸ 塗上剝皮辣椒味噌醬，可依個人喜好用噴槍噴烤味噌醬。

燒梅胚芽米烤飯糰茶漬

食慾不振時，有時候就是想吃一點小份量的餐點和湯品，這時候製作一碗醃梅茶漬飯糰，既快速又方便。日式醃梅的健康療效總是被廣泛討論，比如說開胃和消食，消除疲勞，緩解中暑等。將醃梅烤過據說保健效果更好。而實際上烤過的醃梅味道更加醇厚回甘，更好入口。

材料（2個份）

胚芽米飯 2 碗（320g）

濃口醬油 適量

柴魚昆布高湯 500ml

梅干 2 顆

嫩薑 1 段切絲

海苔絲 適量

紫蘇葉 兩片切絲

作法

❶ 將飯捏成 2 顆飯糰，進烤箱 240 度烤 3 分鐘，塗醬油，再烤 3 分鐘。梅子也放飯糰旁邊一起烤。

❷ 烤飯糰放湯碗中，從旁注入已加熱高湯。

❸ 飯糰上放海苔絲、紫蘇、嫩薑絲和烤過的梅子。

班尼迪克蛋飯糰

班尼迪克蛋或許有人沒有聽說過，但對於滿福堡一定不陌生。基本的滿福堡由水波蛋、荷蘭醬、火腿和英式馬芬組合而成，也就是班尼迪克，是非常經典的美式早餐。

對於只能吃無麩質料理的朋友，可以試試用煎烤飯糰來代替麵粉做成的馬芬，尤其是糙米飯，不論顏色或風味，都帶著麵包的穀物香，比白米飯還適合。

而難以操作的荷蘭醬，可以用已經乳化的美乃滋加蛋黃混和代替，幾可亂真，且非常容易製作，美味不減。

材料（2個份）

溫熱糙米飯 240g
（建議使用較黏的米種）

手鹽 適量

奶油 5g

雞蛋 2個

鹽 適量

生火腿 2片（也可以用培根或火腿代替）

芝麻葉 適量，洗淨擦乾（可用燙過的菠菜代替）

簡易荷蘭醬

蛋黃 2個

美乃滋 3大匙（不甜的品牌）

黑胡椒 適量

作法

❶ 糙米飯均分成 2 份，抹手鹽，握捏成太鼓形飯糰。

❷ 熱平底鍋，加奶油，待融化，將飯糰兩面都煎得焦黃酥脆。

❸ 湯鍋加水，大火煮滾，轉中小火，維持中泡泡的滾度。

❹ 將雞蛋打在漏勺上，讓稀蛋白流下。

❺ 將湯鍋的水轉圈圈，形成漩渦，再將漏勺中的蛋滑入水中。

❻ 待蛋白將蛋黃包裹住，凝固成形，即可起鍋。

❼ 將煮好的蛋放在紙巾上吸水，並在其上撒鹽調味。

❽ 將蛋黃和美乃滋混和，可加一點黑胡椒。

❾ 煎鍋加少許油，將生火腿煎酥脆。

❿ 煎好的飯糰上依序放一片煎好的火腿、芝麻葉、水波蛋，
　　再淋上簡易荷蘭醬，即可享用囉。

燒烤豆腐米漢堡

材料

溫熱白飯 2 碗（320g）
板豆腐或木棉豆腐 2 片
洋蔥 半顆切片
鮮香菇 2 朵切片
美生菜 2 片
番茄片 2 片
酪梨 切片適量
奶油 10g

豆腐醃料

濃口醬油 1 大匙
味醂 1 大匙

簡易燒烤醬

香菇素蠔油 2 大匙
番茄醬 1 大匙
伍斯特醬 2 小匙
糖 1 小匙

作法

❶ 豆腐切成 8 平方公分的正方形，再橫剖成兩片。

❷ 包食品級紙巾，放進有蓋可微波盒子，進微波爐，設定 600W，加熱 1 分鐘。

❸ 取出待涼，再用乾紙巾盡量吸乾水分。

❹ 用豆腐醃料醃 10 分鐘。

❺ 平底鍋加熱加油，放入擦乾表面的豆腐，煎至兩面焦黃，起鍋備用。

❻ 平底鍋放 10g 奶油，加熱，炒洋蔥片，慢慢炒至焦糖褐色。

❼ 起鍋，原鍋加入香菇片，加 1 小匙醬油和味醂，炒熟即可。

❽ 白飯分成 4 等份，用 8 公分直徑圓形模塑型成等大圓餅，並盡量壓緊實。

❾ 平底鍋加 1 小匙油，將米漢堡煎至兩面金黃。

❿ 依序疊放組合：米漢堡→美生菜→豆腐排→番茄→焦糖洋蔥→香菇→燒烤醬→米漢堡。

羽根蜂蜜迷迭香毛豆起司飯糰

我很喜歡在起司上淋一點蜂蜜吃，而在寫上一本書時意外發現毛豆和迷迭香的香氣很搭，因此發想了這顆飯糰。加上墊底起司融化成羽根，小小一顆飯糰有各種讓人意外卻又協調的香氣和口感，做小顆一點，還可以作爲派對開場的finger food。

材料（3個份）

溫熱白飯　1碗（160g）
熟毛豆仁　30g
布里起司　1/4塊，再切成小塊
帕馬森起司或佩科里諾起司刨絲　3大匙
手鹽　適量
迷迭香　少許

調味料

黑胡椒　適量
蜂蜜　適量

作法

❶ 白飯加入毛豆、起司塊、少許迷迭香碎和黑胡椒拌勻。

❷ 均分成3等份，手沾濕，沾手鹽，捏製成三角形。

❸ 平底鍋鋪烘焙紙，放入起司絲，一大匙一大匙放，並整理成圓形，共三大個圓形，開火使起司融化形成空洞的羽根狀。

❹ 將飯糰平鋪在起司上，待起司呈金黃色即盛出。

❺ 用噴火槍將飯糰表面烤出焦痕，點綴迷迭香葉，撒黑胡椒，再淋上蜂蜜。

石鍋拌飯風飯糰

石鍋拌飯的奧義就是將石鍋中所有的料混拌著吃，軟黏裹著醬料的米飯中混著豐富的配料，偶爾咬到一片鍋底鍋粑，焦香硬脆，每口飯的味道和口感層次都超級豐富。

近來韓國料理因韓流風靡全世界而隨之流行起來。基本的韓國調味料在許多大型連鎖超市幾乎都有販售，在家複製韓式料理因此變得容易許多。石鍋拌飯最讓人開心的鍋粑，我們用燒烤飯糰來表現，超級美味，務必一試。

材料（4個份）

溫熱白飯　2 碗（320g）
涮涮鍋牛小排肉片　100g（可用豬肉取代）
胡蘿蔔　切成 3 公分一段
菠菜或小松菜　1 株
黃豆芽　1 小把
生菜葉　適量
韓國海苔　4 片

牛肉調味料	拌飯醬
醬油　1/2 大匙	韓式辣椒醬　2 大匙
糖　1/2 小匙	糖　1 小匙
酒　1/2 大匙	韓國芝麻油　1/2 大匙
蒜泥　1 小匙	
梨子或蘋果汁　1 大匙	
黑胡椒　適量	

作法

❶ 牛肉片加入醃料抓醃 30 分鐘。平底鍋加熱加麻油炒牛肉片，再剪成 1 平方公分的小肉片。

❷ 豆芽菜和小松菜分別燙過，擠乾水分，切成約 1 公分小段，加一點鹽和蒜末拌勻。

❸ 胡蘿蔔切細條，用麻油炒香，加鹽調味。

❹ 將備好的料、拌飯醬和溫熱白飯拌勻，平均分成 4 等份，捏成 4 個三角飯糰。

❺ 平底鍋加熱，加 1 大匙麻油，把飯糰兩面煎出焦香鍋巴即可。

❻ 搭配拌飯醬、生菜和韓國海苔享用。

咖哩飯糰多拿滋

誰不愛剛炸好熱騰騰的咖哩麵包？利用白飯取代多拿滋麵包，將包好餡料的飯糰以西式炸，比麵包不吸油之外，米飯外層酥酥脆脆，內層軟Q，中心餡料多汁有味，是美味又健康的設計。

除了咖哩肉餡之外，還可以包進酸菜肉末或蜜紅豆，做成不同口味的飯糰多拿滋。

材料（8個份）

溫熱白飯 2 碗（320g）
豬絞肉 100g
洋蔥 25g
蛋 1 顆打散
麵包粉 適量
油炸鍋 加約 5 公分高度的油

調味料

酒 1 小匙
咖哩粉 1 小匙
黑胡椒粉 適量
鹽 適量
料理油 適量

作法

❶ 平底鍋加油加熱，炒香洋蔥至半透明加入絞肉拌炒。

❷ 加入所有調味料炒成咖哩肉末。

❸ 將白飯均分成 6 等份，按照包餡飯糰的技巧，手沾濕抹手鹽，將 1 小匙半的咖哩絞肉包進白飯中，整形成略間的橢圓形。

❹ 飯糰表面裹蛋液，再裹麵包粉，並放在手上再捏握。

❺ 油炸鍋加油，加熱至 170 ～ 180 度，將飯糰炸至表面金黃酥脆，取出瀝油即可。

羅馬爆漿炸飯糰

義大利有兩種炸飯糰，羅馬炸飯糰和西西里炸飯糰，同樣都源自於街頭小吃。羅馬炸飯球是圓球型，份量比較小，大約是西西里炸飯糰的1/2，為餐廳供應的前菜之一。大部分的西西里炸飯糰是錐形的，意在向埃特納火山致敬，卻是街頭小吃，且因份量足，可以成為完整的一餐。如我們的南北粽之爭一樣，炸燉飯糰的地域差異化越來越大，從餡料到形狀到名稱，在義大利都有得吵。

羅馬炸飯糰（Supplì al telefono）的原文非常有趣，al telefono是電話的意思，就是炸飯糰切為兩個半球後是聽筒和話筒，中間連著的莫札瑞拉起司是電話線，形似早期的話筒。

材料（6個份）

溫粳米 150g

蒜末 1 瓣切末

洋蔥末 1/2 顆

白酒 1 大匙

番茄泥 1/2 罐

高湯 150ml

奶油 適量

莫札瑞拉起司 1 個，分成 6 塊

麵衣

低筋麵粉、全蛋液、麵包粉 適量

油炸用油 適量

作法

❶ 平底鍋炒香洋蔥和蒜末，加入米同炒至半透明。

❷ 加白酒和番茄泥，待稍微收乾後，加入一湯勺高湯，攪拌待米粒吸收水分，再加一湯勺，直到高湯用完。如果米飯還未軟化，可以再重複以上步驟，加水完成。

❸ 趁熱加入 1 小塊奶油融化在飯裡，最後磨起司、鹽和黑胡椒調味。

❹ 起鍋放平盤放涼，分成 6 份。

❺ 每份燉飯包進一塊莫札瑞拉起司，在將飯塑形成球狀。

❻ 熱油鍋，將飯糰沾低筋麵粉，蛋液再沾麵包粉，下鍋炸至金黃酥脆，瀝油後趁熱享用。

炸熱狗飯糰

常常被韓劇裡各式各樣的炸熱狗麵
包燒到,家裡不會常備有高筋麵
粉,那就用白飯來做吧,內餡另外
添加了海苔和起司,味道更豐富。

材料 (2個份)

溫熱白飯 200 g

海苔 全切半切 2 枚,再各分切成 3 等份

德式香腸 2 條,對切

莫札瑞拉起司 2 片,對切

麵包粉 適量

蛋 1 顆打散

油炸鍋加約 5 公分高度的油

竹籤 2 支

調味料

芥末醬 適量

番茄醬 適量

作法

1. 德式香腸放滾水鍋中煮 2 分鐘，撈起瀝乾備用。

2. 白飯分成 4 等份，每份放在保鮮膜上，平鋪成長方形。

3. 白飯依序鋪上海苔、起司和香腸，再用台式飯糰手法捲起，兩邊收邊捲緊。

4. 將飯糰依序沾裹蛋液和麵包粉，下 180 度油鍋炸至表面金黃酥脆，取出瀝乾。

5. 炸飯糰一端先用竹籤穿刺好取食，再淋上芥末醬和番茄醬，趁熱享用。

台式飯糰

　　台式飯糰的靈魂之一便是老油條了，老油條並不是家中常備品，也不是那麼容易購買。想在家製作台式飯糰，可以選用其他酥酥脆脆香香的食材來代替。如饊子、烤吐司邊、玉米脆片、炸豆皮和法棍。

　　烤吐司邊借用7-11的阜杭豆漿聯名飯糰，開發出此商品的人真是天才，玉米脆片則是我想當然耳的早餐。日本人近幾年開始瘋台灣早餐，因此會看到使用炸豆皮或法棍代替老油條。為了吃，大家真是創意無限。

　　跟大家分享的台式飯糰手法比較像是壽司捲，但效果一樣，而且有紙包裹住，很適合攜帶，外出用餐也很方便。另外我把糯米飯改成了低直鏈澱粉的粳米，有口感、好吃又不礙胃，是腸胃不好朋友們的福音。

台式飯糰分解動作

【工具】30平方公分的烘焙紙或食品級包裝紙1張

❶ 準備材料。

❷ 在30平方公分的烤焙紙上面鋪飯，整理成12公分×16公分的長方形。

❸ 距飯下緣約3公分處，先鋪8公分寬的肉鬆類餡料，其上鋪其餘餡料。

❹ 拉起紙，將飯由下往上捲起，使下緣的飯對接到上緣的飯，再用紙捲緊。

❺ 兩邊像捲糖果紙般選轉捲緊，即完成。

老油條的替代品：烤吐司邊

【材料】

吐司邊　數條

無味的耐高溫料理油　適量
（如玄米油 、葡萄籽油、
葵花油和芥花油等。）

❶ 吐司邊刷上油，或有噴油瓶在表面均勻噴油。

❷ 進預熱180度的烤箱烤10分鐘，中途需翻面，使烤色焦黃均勻即可。

香菜控花生糖飯糰

曾在臉書發表甜飯糰,卻有許多讀者回覆不知有此味?
如果談營養價值,甜飯糰幾乎只有熱量,但是非常非常
好吃,好吃的食物常常就是如此惡魔。糯米飯、花生
粉、細砂糖、老油條是基本組合,聽說現在有些新的店
家還加上鹹的醬油炒蛋,有一種甜甜鹹鹹衝突的美味,
很受年輕人喜愛。

在不違背甜飯糰的基本味道之下,我還想創造出有趣一
點的口感,於是將花生糖搗碎,加上和花生糖非常非常
搭的香菜以及玉米脆片,甜而不膩,像是在吃甜點般的
甜蜜,吃過都好喜歡。

材料（1個份）

溫熱白飯　1 碗（160g）

花生糖　2 ～ 3 塊，搗碎

砂糖　1 小匙

玉米脆片　1 大匙

香菜　2 株洗淨擦乾，切 2 公分段

作法

❶ 將飯平鋪在紙上，成寬 12 公分、長 15 公分的長方型。

❷ 在飯的下方 1/3 處先鋪放香菜、花生糖碎、砂糖、玉米脆片，再依台式飯糰手法由下往上包捲，用烘焙紙兩端如包糖果般捲緊即可。

懷舊蔥蛋飯糰

古時物資不豐的年代，台式鹹飯糰的經典組合只有老油條、魚（肉）鬆、炒蘿蔔乾，素飯糰則可以加入素香鬆。現在的餡料可創意無限了：肉燥、蔥蛋、滷蛋、肉片、泡菜和起司等，吃下一顆飯糰可以飽撐到下午。

動手試試看，回到懷舊經典，一邊咀嚼，一邊享受口中米飯、蘿蔔乾和肉鬆在口中碰撞交融，越咀嚼越香的滋味，回到到久未體會的單純美好的感動。

材料（1個份）

溫熱白飯 1 碗（160g）

肉鬆 1 大匙

炒蘿蔔乾 1 大匙

全蛋 1 顆

蔥花 1 枝

烤土司邊 2～3 條

作法

❶ 蔥花混和蛋液，煎成蔥蛋。

❷ 將飯平鋪在紙上，成寬 12 公分、長 15 公分的長方型。

❸ 在飯的下方 1/3 處先鋪放肉鬆、蘿蔔乾、蔥蛋和吐司邊，再依台式飯糰手法由下往上包捲，用烘焙紙兩端如包糖果般捲緊即可。

黑白配鹽麴肉蛋飯糰

在兒時，飯糰包著的鹹香蘿蔔乾和魚鬆（肉鬆）為的是配糯米飯，吃飽好上工。而今，店家推出各種創意無限的餡料組合，並且加了奢華的蛋白質。尤其是肉蛋飯糰，有肉片有蛋，特別適合成長中需要大量蛋白質的青少年。

材料（1個份）

溫熱紫米飯 80g
白飯 80g
炒芝麻酸菜 1 大匙
煎荷包蛋 1 顆
里肌肉片 1 片
烤吐司邊 2 條
鹽麴或醬麴 1 大匙
黑胡椒 少許
鹽 少許

作法

❶ 大里肌或梅花肉片用鹽麴或醬麴醃 4 小時。用湯匙刮掉麴，用平底鍋煎熟，撒黑胡椒調味。

❷ 將紫米飯和白飯上下各一半，整體平鋪成寬約 12 公分、長 16 公分的長方形。

❸ 在飯下方 1/4 處先鋪酸菜，依序放肉片、荷包蛋和吐司邊，再依台式飯糰手法由下往上包捲，用烘焙紙兩端如包糖果般捲緊即可。

紫米酸菜肉末茶葉蛋飯糰

富含花青素的紫米飯廣受大家喜愛，甚至還有專門的黑飯糰名號出現。自家製的手工肉燥、台式炒酸菜和茶葉蛋，濃郁卻不肥膩。

材料（1個份）

溫熱紫米飯 1 碗（160g）

自家製手工肉燥 1 又 1/2 大匙，瀝乾湯汁

炒酸菜 1 又 1/2 大匙

茶葉蛋 1 顆，剝殼，縱切成 1/4

烤土司邊 2~3 條

作法

❶ 將飯平鋪紙上，成寬 12 公分、長 16 公分的長方形。

❷ 在飯的下方 1/3 處先鋪放吐司邊、炒酸菜、肉燥和茶葉蛋，再依台式飯糰手法由下往上包捲，用烘焙紙兩端如包糖果般捲緊即可。

麻油松阪豬杏鮑菇飯糰

胚芽米比糙米容易消化，且不需浸泡，同時也是我和只愛白米飯的女兒互相讓步的妥協。只要選用粳米也就是蓬萊米的胚芽米，也是可以做飯糰的。尤其是更低直鏈澱粉的米種做台式更容易了，因為外面有紙捲包裹住，完全不需擔心會散開，非常適合攜帶。

材料（1個份）

松阪豬 100g，逆紋切成小肉條
杏鮑菇 1 條，切成與肉同大小的片狀
薑片 5 片
麻油 2 大匙
米酒 2 大匙
枸杞 適量
溫熱胚芽米飯 1 碗（160g）

作法

❶ 炒鍋加麻油爆香薑片，再加肉下去同炒。

❷ 淋上米酒，肉轉白色後，加杏鮑菇再繼續翻炒。

❸ 加份量外清水 2 大匙，灑枸杞，加蓋燜煮 3 分鐘即可。

❹ 將飯平鋪成寬 12 公分、長 16 公分的長方形。

❺ 在飯的中央鋪上瀝乾的松阪豬杏鮑菇，再依台式飯糰手法由下往上包捲，用烘焙紙兩端如包糖果般捲緊即可。

青醬紅糟肉飯糰

我們習慣吃鹹粥時配紅糟肉，吃陽春麵配紅糟肉，春捲配紅糟肉，要不要試試包在飯糰呢？青醬加在飯裡不僅增加顏色，也增加香氣，和紅糟肉互相輝映，不但撞味，還有撞色的趣味。

材料（2個份）

溫熱白飯 2 碗（320g）

青醬 2 大匙

鹽漬小黃瓜 適量

生菜葉 2 片

二層肉或松阪或五花豬肉 1 片
（約 160 克）

紅糟 1 大匙

醬油 1 小匙

糖 1 小匙

五香粉 1 小撮

作法

1. 肉用醃肉料醃 4 小時至隔夜。
2. 進烤箱 220 度加蓋烤 15 分鐘，再裸烤 5 分鐘即可。
3. 將青醬和飯拌勻，在紙上平鋪成寬 12 公分、長 16 公分的長方形。
4. 在飯的中央鋪上一片生菜葉，上層鋪一排小黃瓜和一排紅糟肉切片，再依照台式飯糰手法由下往上包捲，用烘焙紙兩端如包糖果般捲緊即可。

台南米糕飯糰

這些年因疫情關係，旅遊變成一種奢侈。
在家想要享受各地美食，只有自己做了。
保留台南米糕的元素，但是做成台式飯糰
的形式，既新穎又美味。

材料（1個份）

花生炊飯　1碗（160g）

魚鬆　1大匙

手工肉燥　1大匙

糖醋小黃瓜　1大匙

滷蛋　1顆切片

作法

花生炊飯

❶ 米2杯洗淨。

❷ 花生100g（泡2小時，擔心黃麴毒素者可放冰箱冷藏浸泡一晚）

❸ 米放鍋中，上放花生，再加水2又1/2杯水和1小匙鹽，電鍋外鍋加水2杯。按照正常炊飯模式炊飯。

組合飯糰

❶ 在紙的中央，將花生飯平鋪成寬12公分、長16公分的長方形。

❷ 在飯的中央鋪一層魚鬆，小黃瓜、滷蛋切片，肉燥，再依台式飯糰手法由下往上包捲，用烘焙紙兩端如包糖果般捲緊即可。

火燒蝦仁飯糰

蝦仁飯也是府城小吃，雖則需要使用火燒蝦仁製作才道地，買不到火燒蝦仁時可以用劍蝦仁、小的白蝦仁或是宜蘭的胭脂蝦仁取代，各自有各自的風味。

材料（2個份）

溫熱白飯　2 碗（320g）

小蝦仁　200g

青蔥　1 枝，分切成蔥白和蔥綠段

大蒜末　1/2 小匙

糖　1 小匙

米酒　1 大匙

油　2 小匙

自製濃厚麵露　1 大匙

洗蝦仁的太白粉　2 大匙

作法

❶ 蝦仁用太白粉抓勻，用清水洗淨，再用紙巾擦乾。

❷ 起油鍋，爆香蔥白和蒜末，加入蝦仁拌炒至半透明。

❸ 加入酒和調味料，翻炒至蝦的顏色轉紅，加入青蔥段。

❹ 將白飯分成兩份，每份在紙上平鋪成寬 12 公分、長 16 公分的長方形。

❺ 在飯的中央鋪上一半瀝乾的炒蝦仁，再依台式飯糰手法由下往上包捲，用烘焙紙兩端如包糖果般捲緊即可。

沖繩握飯糰

現在流行的免捏飯糰或折疊飯糰，原型都是來自於沖繩握飯糰。

因為製作起來更簡單容易，只要鋪疊餡料，再對折就可以，所以我很喜歡做沖繩握飯糰。

沖繩握飯糰的特色有幾個常見元素：

1. 炸山苦瓜天婦羅
2. 豬肉：也就是Spam午餐肉
3. 玉子：就是薄的玉子燒

最後，幾乎都會加調味的柴魚片，再淋上不同風味的美乃滋增添風味。滿滿餡料，配上好吃的米飯，說有多滿足就有多滿足。

沖繩握飯糰分解動作

【材料】
海苔 半切1張
米飯 120g～160g（可視個人食量調整）

❶將飯分成2份，放在一片海苔上，用手指頭慢慢推勻，讓飯粒平均鋪平在海苔上。

❷一層一層地鋪上餡料。

❸餡料鋪好，加上調味料如柴魚片或美乃滋。

❹將飯從上方對折蓋上。

❺可墊吸油紙巾或烘培紙，更方便拿取。

沖繩苦瓜天婦羅玉子握飯糰

沖繩的飲食和台灣很像，而豬肉和苦瓜料理是沖繩料理的特色。惟沖繩的苦瓜多為深綠色的山苦瓜，作法也和我們不太相同。不愛吃苦瓜，可以炸成天婦羅加在握飯糰裡。

材料（2個份）

溫熱白飯 2碗（320g）

薄玉子燒 2片，切成午餐肉大小

山苦瓜 4片

低筋麵粉 2大匙

水 2大匙

蛋液 2大匙

燒海苔 半切2片

飯糰調味柴魚片

柴魚 1小把

醬油 1小匙

飯糰調味料

美乃滋：番茄醬 = 3:1

作法

❶ 山苦瓜刮除白白的內膜，洗淨擦乾，調麵糊。

❷ 依序沾麵粉、麵糊，下170度油鍋炸至金黃。

❸ 浮起後約炸1分鐘，瀝油備用。

❹ 將飯分成2份，用手指頭慢慢推勻，讓飯粒平均鋪平在海苔上。

❺ 在下方先放玉子燒→番茄美乃滋→苦瓜天婦羅→柴魚片→番茄美乃滋，再將上方無餡料海苔飯往下對折，將餡料蓋住即可。

沖繩炸蝦豬肉玉子握飯糰

沖繩有美軍基地，因此沖繩人對於午餐肉的接受度很高，甚至做成握飯糰，成為沖繩美食特色。而對我們來說很鹹的午餐肉，因為包在飯糰與其他食材的調和，扮演著鹹香的靈魂角色，再堆疊上大家都愛的炸蝦，增添鮮甜的海味，讓滋味更臻完美。

材料（2個份）

溫熱白飯 240g

薄玉子燒 2 片，切成午餐肉大小

Spam 午餐肉 2 片切成 0.5 公分厚，平底鍋煎兩面微焦

大蝦 2 尾

低筋麵粉 1 小匙

麵糊用低筋麵粉 2 大匙

全蛋液 2 大匙

水 2 大匙

燒海苔 半切 2 片

飯糰調味柴魚片

柴魚 1 小把

醬油 1 小匙

飯糰調味料

美乃滋 適量

作法

❶ 蝦子剝殼留尾去腸泥，擦乾，撒麵粉。

❷ 沾麵糊，下 170 度油鍋炸至金黃。

❸ 浮起後約炸 1 分鐘，瀝油備用。

❹ 將飯分成 4 份，每 2 份同放在一片海苔上，用手指頭慢慢推勻，讓飯粒平均鋪平在海苔上。

❺ 先排放玉子→美乃滋→ Spam →炸蝦→調味柴魚片，再將上方無餡料海苔飯往下對折，將餡料蓋住即可。

鹹蛋黃芋泥肉鬆握飯糰

有很多人是狂熱的芋泥控，而甜甜的芋泥，搭配鮮香鹹的鹹蛋黃和肉鬆，更是絕配。曾經看過店家推出了鹹蛋黃芋泥肉鬆吐司，我做成沖繩握飯糰，可大口品嘗芋泥，超級過癮。

材料（2個份）

溫熱白飯 200g

芋泥 180g（芋頭蒸熟壓成泥，加牛奶、鮮奶油和糖做成甜的芋泥）

熟鹹蛋黃 2顆，壓碎

肉鬆 1大匙

燒海苔 半切2張

調味料

美乃滋 適量

作法

❶ 白飯均勻平鋪。

❷ 在下方先放肉鬆→芋泥→熟鹹蛋黃→美乃滋，再將上方無餡料海苔飯往下對折，將餡料蓋住即可。

明太子醬炸蝦
酪梨握飯糰

握飯糰就像是三明治或漢堡，對折的米飯中間海納百川，餡料想要多豐富都行。近年很夯的酪梨、裹麵包粉的西式炸物都可以包進飯糰裡，美乃滋裡加了明太子醬更添豪華感。

材料（2個份）

溫熱白飯 240g

薄玉子燒 2片，切成午餐肉大小

生菜 2片

酪梨切片 半顆

大蝦 4尾

低筋麵粉 1小匙

全蛋液 2大匙

麵包粉 2大匙

海鹽 適量

黑胡椒 適量

燒海苔 半切2片

飯糰調味料

明太子美乃滋 適量
（可用普通美乃滋代替）

作法

❶ 蝦子剝殼留尾去腸泥，擦乾。

❷ 依序沾麵粉→全蛋液→麵包粉，下170度油鍋炸至金黃。

❸ 浮起後約炸1分鐘，瀝油備用。

❹ 將飯分成4份，每兩份同放在一片海苔上，用手指頭慢慢推勻，讓飯粒平均鋪平在海苔上。

❺ 在米飯上塗明太子美乃滋。

❻ 先排放酪梨片→2隻炸蝦→玉子→生菜，再將上方無餡料海苔飯往下對折，將餡料蓋住即可。

泡菜起司豬肉玉子握飯糰

熟悉韓式料理的人，對於午餐肉應該也不陌生。在基本的玉子和Spam配置，添加泡菜和韓國芝麻葉，並用起司中和泡菜的辣，又是完美的開胃一品。

材料（2個份）

溫熱白飯 2 碗（320g）

薄玉子燒 2 片，切成午餐肉大小

Spam 午餐肉 2 片切成 0.5 公分厚，平底鍋煎兩面微焦

泡菜 40g

起司 2 片切半

韓國芝麻葉 2 片

燒海苔 半切 2 片

調味料

美乃滋 適量

作法

❶ 在鋪好的飯上，依序排放午餐肉→美乃滋→玉子→起司→韓國芝麻葉→泡菜。

❷ 再將上方無餡料海苔飯往下對折，將餡料蓋住即可。

鹽麴烤雞握飯糰

加了半片鹽麴烤雞的飯糰，份量簡直可稱之為便當了。很適合發育中的青少年，或無肉不歡的族群。

材料（2個份）

溫熱白飯 2 碗（320g）

雞腿肉 1 片

鹽麴 1 大匙

黑胡椒 適量

薄玉子燒 2 片，切成午餐肉大小

小黃瓜 用刨刀刨成直條薄片

奶油起司 2 小片

醃漬紫高麗菜 適量（紫高麗菜洗淨瀝乾，切絲，用重量 2% 的鹽抓醃後，加醋和糖調味）

生菜 2 ～ 4 片

調味料

美乃滋 適量

作法

❶ 雞腿肉用鹽麴醃一晚上，再刮除鹽麴，撒黑胡椒，表面噴少許油，進 200 度烤箱烤 12 ～ 15 分鐘。烤好取出切成一半。

❷ 在鋪好的飯上，依序塗抹美乃滋→排放生菜→玉子→小黃瓜薄片→起司→紫高麗烤好→雞腿肉→美乃滋。

❸ 再將上方無餡料海苔飯往下對折，將餡料蓋住即可。

泡菜起司辣雞握飯糰

雞里肌肉高蛋白低脂，而且份量小，很適合一人或小家庭食用。做成韓式甜辣口味搭配泡菜、起司和荷包蛋，口感和味道層次豐富。

材料（2個份）

溫熱白飯 2 碗（320g）

荷包蛋 2 個

雞里肌肉 4 條

泡菜 40g

起司 1 片切半

燒海苔 半切 2 片

雞里肌肉調味料

酒 1 大匙

薑汁 1 大匙

蒜泥 1 大匙

黑胡椒粉 1/4 小匙

蜂蜜 1 大匙

韓式辣椒醬 1 大匙

韓式辣椒粉 1 大匙

調味料

美乃滋 適量

作法

❶ 雞里肌肉用調味料醃 10 分鐘後，下鍋煎熟。

❷ 在鋪好的飯上，依序塗抹美乃滋→排放生菜→起司→辣雞→泡菜→荷包蛋→美乃滋。

❸ 再將上方無餡料海苔飯往下對折，將餡料蓋住即可。

蘋果烤牛肉握飯糰

每周終了，我喜歡準備一點煮熟的食材放在冰箱，下週準備餐點時就省時又快速。烤牛肉、水煮雞腿肉都是我家常備菜。將烤牛肉切成薄片，夾進飯糰中，堪比三明治，是無麩好料理。

材料（2個份）

溫熱白飯 2 碗（320g）
烤牛肉切薄片 100g
黑胡椒 適量
薄玉子燒 2 片，切成午餐肉大小
帶皮蘋果 1/4 顆，切薄片
胡蘿蔔 5 公分段切絲
喜愛的生菜 2~4 片
（奶油波士頓、廣 A、綠火焰皆可）
燒海苔半切 2 片

調味料

美乃滋 1 大匙
有籽芥末醬 1 大匙
蜂蜜 1 小匙

作法

❶ 雞腿肉用鹽麴醃一晚上，再刮除鹽麴，撒黑胡椒，表面噴少許油，進 200 度烤箱烤 12~15 分鐘。烤好取出切成一半。

❷ 在鋪好的飯上，依序塗抹美乃滋→排放生菜→胡蘿蔔絲→烤牛肉→蘋果切片→薄玉子燒→調味料。

❸ 再將上方無餡料海苔飯往下對折，將餡料蓋住即可。

241

半搗餅

　　在日本，餅（もち）不是我們認知的餅乾類等用麵粉做的食物，而是使用糯米加工製成的食品，也就是我們熟悉的麻糬和年糕這一類的食物。

　　一般是指將蒸過的糯米或米，用杵臼搗過的食材。依據搗的程度，呈現半顆粒狀，也就是半飯半餅狀態的稱為半搗餅。

　　有很多傳統食物都是半搗餅，比如說：米棒鍋、萩餅和粢粑等。我利用黏性較強，低直鏈澱粉的粳米來做半搗餅，台中194號、牛奶皇后、台南14和台南20等品種米，效果都非常好，而且吃了比較不會脹氣。

　　在家做半搗餅，沒有搗缽，可以用擀麵棍和鋼盆將飯搗成半飯半餅的狀態。

紅豆起司萩餅

萩餅或稱牡丹餅，原是日本人在春分和秋分「彼岸」期間用來祭拜祖先的祭品。萩餅有點像內衣外穿的紅豆大福，內餡是半搗碎的糯米＋粳米飯，外皮是半粒半泥的紅豆。也有米飯餡裡包一點紅豆餡，外面裹上一層海苔粉、黑芝麻和黃豆粉。如果擔心過於甜膩，在糯米飯中包一點 cream cheese，微酸乳香、軟糯的米飯和甜蜜蜜的紅豆，交織出完美協調的療癒系甜點，是會思念的滋味。

材料	紅豆萩餅
紅豆粒餡	溫熱白飯 2 碗（320g）
紅豆 150g	紅豆粒餡 1 份
三溫糖 120g	Cream Cheese 適量
清水	鹽漬櫻花 適量
鹽 1/2 小匙	冷凍柚子絲 適量

紅豆粒餡作法

❶ 紅豆不洗，放入煮鍋，加水淹過紅豆表面，中大火煮滾後熄火（如有漂浮物為空殼，請挑除）。

❷ 煮紅豆的水瀝掉，清水沖洗紅豆，瀝乾備用。

❸ 將紅豆放入電鍋內鍋，倒入清水，淹過 2 公分。

❹ 電鍋外鍋加 3 杯水，放入蒸架，再放內有紅豆的內鍋，蓋上鍋蓋按下開關，開關跳起後燜 15 分鐘，再用筷子輕輕翻拌。

❺ 外鍋加 2 杯水，再按下開關，待開關跳起，燜 15 分鐘（若水被紅豆吸乾，請再斟酌添加）。

❻ 掀蓋，取一粒顏色較深的豆子，用手指輕壓，若已可壓成泥，即表示完成；若還是硬芯，可再重複一次步驟❺。

❼ 掀蓋，趁熱加入糖，再用筷子輕輕拌勻。

❽ 外鍋加半杯水，加熱使糖徹底融化。

❾ 將紅豆倒入新的乾淨容器中，放涼冷卻可加速糖漬化，約 60 分鐘。

❿ 整鍋倒入煮鍋中，加鹽開火燉煮 10 分鐘左右，使湯汁收乾，紅豆粒餡便完成。

紅豆萩餅作法

❶ 米飯放入大鍋中，用研磨棒或擀麵棍搗成半麻糬狀。

❷ 用茶匙挖取一尖勺，中間包進起司，塑成俵形。

❸ 紅豆餡取出，放濾網粒乾水分，如水分仍多，可用紙巾稍微吸水。

❹ 用 15cc 大量匙挖取紅豆餡，兩平匙為一份，放在盤中備用。

❺ 挖取一平匙多一點的紅豆餡，放在濕的紗布巾或保鮮膜，攤成圓形，中間放進起司飯糰，像包台式飯糰般，邊壓邊包裹，沒包到紅豆的地方再補上紅豆，整體壓塑成形即可。

❻ 萩餅上可裝飾泡水過的鹽漬櫻花或柚子絲。

秋田米棒鍋

秋田米棒鍋是日本秋田地方的鄉土料理，結合了當地產的比
內地雞和小町米，是新米上市時必吃的名物。超市甚至還販
售冷凍的燒烤米棒，買回家加在雞湯裡即可享用。

米棒類似萩餅，需要將米飯用搗缽搗成半飯半餅（麻糬）的
狀態，再以同等份量包裹在秋田杉做成的細木棒上，用炭火
烤成表面金黃焦香的米棒，據傳是過去樵夫或獵人上山工作
時隨身攜帶的乾糧。

器具

杉木筷 數支

塑膠袋或烤焙紙 1 張

米棒飯材料（6個份）

溫熱白飯 320g

作法

❶ 白飯裝在塑膠袋內或隔著烤焙紙，用擀麵棍搗打成半餅狀態。

❷ 再分成 6 等份，包裹在木筷上，進烤箱或用炭火烤成表面金黃焦香。

雞湯鍋材料

去骨雞腿排 1 支

牛蒡 1/4 根

大蔥 1 株

舞菇 1/2 袋

蒟蒻絲 1 把

山芹菜（或山茼蒿） 1 小把

高湯 400ml

雞腿排醃料

米酒 適量

鹽 雞腿排重量的 1%

調味料

味醂 1 大匙

薄口醬油 1 大匙

作法

❶ 去骨雞腿排用米酒和鹽醃 4 小時或靜置隔夜。

❷ 牛蒡去皮，斜切成片。大蔥切成 5 公分的蔥段。舞菇去蒂頭，分成小株。山芹菜洗淨切段。

❸ 雞腿排兩面煎金黃後，取出待涼，切成適口的大小。

❹ 蔥也煎成金黃色。

❺ 小砂鍋中注入高湯，加牛蒡、舞菇和蒟蒻絲，大火煮滾，轉小火煮 3 分鐘。

❻ 加入雞腿排，大火滾起，撈除浮沫，轉小火，煮 15 分鐘。

❼ 調味，加入切塊米棒，再煮 3 分鐘，加入山芹菜和蔥段，請趁熱享用。

黃豆粉黑糖蜜粢粑

材料

溫熱米飯 80g

糯米粉 40g

熱水 適量

調味料

黑糖蜜

黃豆粉

作法

❶ 先把飯搗爛，加糯米粉，再慢慢加入熱水。

❷ 揉成米糰，揉到最後不沾手、不沾盆底即可。

❸ 將米糰搓成長條狀，再切成一段一段的，捏成想要的形狀。

❹ 平底鍋加油，要比平常炒菜多一點，等油熱之後將米糰下鍋，
   煎到膨脹起來且兩面焦黃即可。

❺ 盛盤後撒黃豆粉和淋黑糖蜜，趁熱酥脆時享用。

鰹魚香仙貝

這個小點心原是我參加一個剩食活動設計的,以零剩食爲出發點,將昨日的剩飯,拌入做高湯剩下的柴魚花,再搗成半搗餅,下鍋做成仙貝,可以配茶和下酒。

材料

溫熱白飯 1 碗（160g）

柴魚 5g

白芝麻 1 大匙

起司粉 1 大匙

調味料

醬油 1 大匙

料理油 適量

作法

❶ 白飯加白芝麻、柴魚花和起司粉拌勻,搗成半搗餅。

❷ 將飯均分成 4 等份,捏成小圓球,再壓扁成餅狀。

❸ 用油鍋煎香,雙面再塗上醬油即可。

米比薩

白飯多煮了，搗成半搗餅，加上比薩餡料和醬料，用平底鍋就可以做成美味的比薩。

材料

白飯 100g

糙米飯 50g

義大利香腸 10 片

彩椒 10g

洋蔥 10g

披薩醬 1 又 1/2 大匙

起司絲 30g

作法

❶ 白飯跟糙米飯混合後，在保鮮膜上鋪開。用桿麵棍等搗碎米飯，鋪成直徑 18 公分左右的圓形。青椒切成圓片，洋蔥切成薄片。

❷ 在平底鍋裡加熱油，用中火烤米餅，直到金黃焦香。

❸ 翻面，塗披薩醬。放上義大利香腸、青椒和洋蔥，撒上起司。

❹ 蓋上鍋蓋，用小火煎烤 5 分鐘左右，直到起司融化即完成。

五平餅

五平餅在過去是獻給神的御幣，源自日本中部山谷地區的鄉土料理。也有人做成圓餅狀，半搗餅保留著米的香氣，和甜甜的味噌組合，讓人一口接一口停不下來。

材料

溫熱白飯 320 g

烤過的核桃 10g

熟白芝麻 10g

竹籤 5 支

調味料

砂糖 2 大匙

醬油 1 又 1/2 大匙

味噌 1 大匙

味醂 2 大匙

酒 1 大匙

作法

❶ 溫熱白飯搗成半餅狀，分成5等份，再塑形成扁平的橢圓型。

❷ 放不沾平底鍋，小火煎烤，每面約3分鐘，使表面呈現焦黃。

❸ 核桃和芝麻研磨成細粒。

❹ 所有調味料和核桃芝麻碎粒都放進平底鍋，中火煮滾，至呈現大泡泡，放餅進去鍋中，使餅均勻沾裹醬汁。

❺ 起鍋，竹籤穿刺即完成。

小酌飯糰

飯糰配酒？是不是有點匪夷所思？事實上日本現在有很多居酒屋或酒吧推出可以配酒的飯糰，漸漸蔚成流行。

有一次好友帶著一瓶日本的名酒「獺祭」來訪，剛結束飯糰課的我有點疲倦，只能以現成的柴魚香鬆飯糰和蔬菜湯招待。好友驚呼不已說：「實在太搭、太美味了。」正減醣的她連吃了兩顆100g的飯糰。

原本不敢喝日本酒的我，卻從此可以領略日本酒的香氣和甜味，因為飯糰和同是米做成的日本酒，搭配起來簡直是天作之合！

如果再加上不同素材，飯糰搭紅白酒也很棒。

有一點飯，一點現成的起司和火腿，份量做小一點，運用巧思，就可做出精緻的小飯糰，成為派對和小酌的焦點。

明太子起司飯糰

材料（4個份）

溫熱白飯 160g

明太子 半條

起司乳酪 50g，切成 0.5 公分小丁

芝麻葉 4 片

手鹽 適量

作法

❶ 將明太子刮下，與切成小丁的起司乳酪混和。

❷ 白飯分成 4 等份，手沾濕，抹手鹽，用包餡手法包進 1 小匙明太子起司。

❸ 飯糰上裝飾小芝麻葉和明太子起司。

玫瑰荔枝卡門貝爾飯糰

材料（4個份）

溫熱白飯 160g

荔枝乾 16g

卡門貝爾起司 8 小片

玫瑰醬 適量

乾燥玫瑰花瓣 適量

作法

❶ 荔枝乾切碎，和白飯混和拌勻。

❷ 荔枝飯分成 4 等份，手沾濕，用包餡手法包進 1 小匙卡門貝爾起司。

❸ 飯糰上裝飾玫瑰花瓣和卡門貝爾起司。

焦糖柳橙
生火腿飯糰

材料（4個份）

溫熱白飯　160g

生火腿　4 小片

焦糖柳橙片（或無花果、棗椰等較甜的其他果乾也可以）

作法

❶ 白飯分成 4 等份，中間包果乾，捏握成三角形。

❷ 生火腿從中裁切，先用其中 1 片包裹白飯，再用另一片交疊，使之成和服領的感覺。

煙燻鮭魚飯糰

材料（4個份）

溫熱白飯　160g

煙燻鮭魚　適量

大酸豆　4 顆

燒海苔　全形 1 張，切成四張小正方

作法

❶ 將酸豆切碎拌進飯裡，再分成 4 等份，捏製球形。

❷ 每顆裹一張海苔，頂端用剪刀剪十字開口。

❸ 鮭魚片捲成玫瑰花狀，裝飾在開口處即可。

冷凍飯糰

在〈米飯的保存〉中已告訴大家如何冷凍保存米飯，也提到將飯做成飯糰再冷凍，運用起來更方便。我認識幾位黃金單身OL的朋友，來上過飯糰課後，會一週捏一次飯糰，馬上以冷凍保存。每天早上用電鍋蒸一顆飯糰，配小菜和豆漿，簡單解決早餐；或是不解凍帶到辦公室，期間不用擔心天氣熱飯會變質，要吃之前再微波加熱即可。

我喜歡將飯糰捏成一小顆一小顆方便計算的份量：如40g、60g、120g等，使用保鮮膜包好，再放進密封袋或容器中冷凍，想吃多少就加熱多少，控醣很方便喔！

冷凍小飯糰（照片中每顆的份量都是40g）

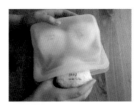

冷凍燒飯糰（照片中每顆的份量都是40g）

如果不想使用保鮮膜包飯糰，又擔心飯糰會黏在，可以先煎烤過，再像水餃般，放在可密封金屬盒子中冷凍。

Q. 有朋友問說可否可直接食用不加熱？

A. 建議加熱！加熱可以讓飯的回凝澱粉再度α化，恢復柔軟口感。

Q. 一定要是鹽味飯糰嗎？

A. 包餡或混餡也可以，但復熱不好吃的蝦或干貝等食材不建議。

冷凍飯糰

奶汁焗烤櫻花蝦飯糰

涼涼的早晨，想讓孩子吃飽飽、吃暖暖再上學，做個簡易版的奶汁焗烤吧！剛好冰箱裡有冷凍飯糰，加牛奶和配料後送進烤箱，漱洗換裝就可以坐在餐桌前享用。

材料（1人份）

冷凍櫻花蝦飯糰（無餡料鹽味飯糰也可以） 1 個

娃娃菜 1/2 株

洋蔥末 1 小匙

牛奶（或豆漿） 100ml

鮮奶油 50ml

低筋麵粉 1 小匙

焗烤起司絲 適量

調味料

鹽 1 小撮

黑胡椒 適量

作法

❶ 烤箱預熱 180 度。

❷ 將冷凍飯糰取出，放在烤皿中央。

❸ 周邊排放洗淨瀝乾切段的娃娃菜和洋蔥末。

❹ 牛奶＋鮮奶油＋低筋麵粉拌勻，注入烤皿中，加鹽和黑胡椒調味，覆蓋鋁箔紙。

❺ 進預熱至 180 度的烤箱烤 15 分鐘。

❻ 掀開鋁箔紙，加起司絲，再以 220 度烤 5 分鐘或烤至起司融化，呈現金黃色為止。

肉捲三角飯糰

肉捲飯糰在前面的章節已經出現，但本篇要介紹的不同之處在於使用冷凍飯糰，而且飯糰形狀不同，捲法也不同。因爲使用冷凍飯糰的份量大，所以五花肉片請選擇較長一點的長度，做起來較不易失敗。

材料（2人份）

冷凍鹽味飯糰 2 個，每個重 120g

涮涮鍋五花肉片 6 ～ 8 片

太白粉 適量

洗過的青蔥末 適量

七味粉 適量

油 少許

調味料

味醂 1 大匙

醬油 3 大匙

糖 1/2 大匙

酒 1 大匙

水 6 大匙

作法

❶ 五花肉片 3 ～ 4 片疊放，上面輕撒少許太白粉，將飯糰包裹好。

❷ 平底鍋放少許油，先將肉的接合處貼鍋面煎，中火煎 2 分鐘，再翻面煎 2 分鐘。

❸ 用紙巾將油擦乾。

❹ 倒入調味料，轉小火，加蓋燜煮15分鐘，期間可以翻面。

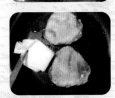

❺ 掀蓋，轉中火，將煮汁一邊舀起淋在飯糰上，一邊收稠即可。

❻ 撒上蔥末和七味粉。

鍋粑風蔘雞粥

說起人蔘雞似乎是個大工程，剛剛好大小的雞不容易買到，對小家庭而言有時一整隻雞也太多了。我喜歡用一支帶骨雞腿或四支雞翅做一鍋人蔘雞粥，且用粳米代替糯米，一樣好吃。韓國喜歡吃鍋粑粥，我用煎過的飯糰代替鍋粑，也有同樣效果。如果買不到韓國水蔘，韓國商店有乾式材料包可以選用，不然加點黃耆、枸杞也是可以的。

材料（2人份）

冷凍煎烤三角飯糰 4 個（每個重 40g）

雞翅 4 支

紅棗 6 顆

韓國水蔘 1 支

烤熟松子 1 大匙

去皮大蒜 5 顆

青蔥段蔥白蔥綠分開　1 支

新鮮栗子 8 顆 (買不到時可用糖炒栗子
或鹽烤栗子代替)

油 少許

調味料

料理酒 1 大匙

鹽 2 小匙（吃原味可省略）

雞肉蘸料

黑胡椒 1/2 小匙

鹽 1 小匙

韓國香油 2 小匙

作法

❶ 平底鍋加熱，加少許油，先將雞翅兩面煎金黃，再加入大蒜和蔥白一起炒香。

❷ 煮鍋中加水，中大火煮滾，加入大蒜、蔥白、紅棗、煎過的雞翅、炒熟的松子和酒，等再次滾起後轉小火，煮10 分鐘。

❸ 加入冷凍煎烤飯糰，轉中火，滾起後再轉小火，熬煮 15 分鐘，加入栗子。

❹ 約再煮 10 分鐘待栗子熟透，米飯成為粥糜即可熄火。

❺ 可在粥中加鹽調味。如果吃原味，食用時雞肉可蘸黑胡椒、鹽、麻油。

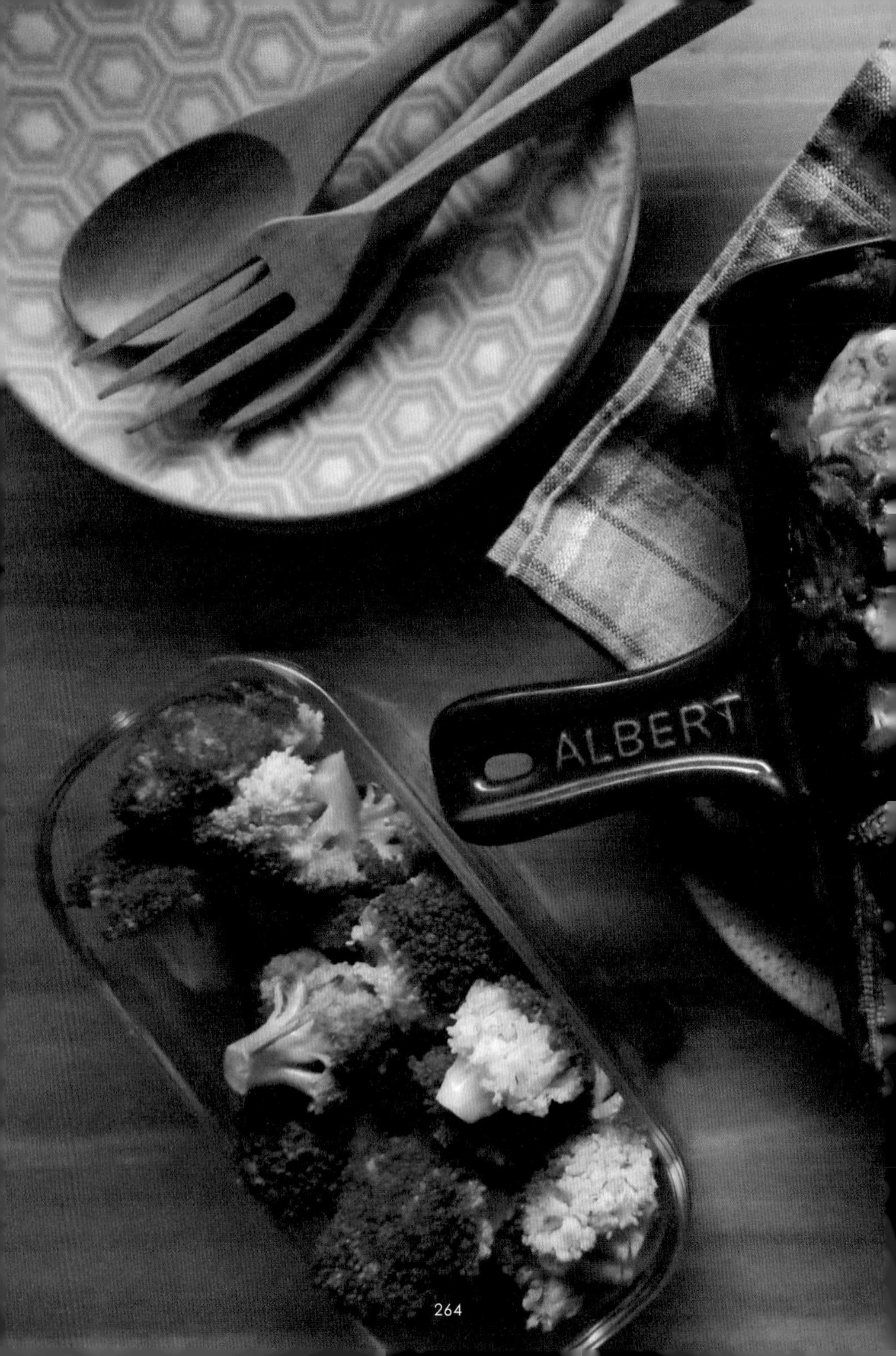
ALBERT

咖哩焗烤飯糰

幾乎沒有人不愛焗烤，如果再加上咖哩風味，更是無人能擋。下班回家的週間夜晚，利用冰箱剩餘的食材和冷凍飯糰就可做出的超簡單料理。有肉有飯，再配個青菜或湯，一餐就完整了。甚至可以做成加大份量，宴客時端出來也很有面子的大盤料理。

材料（2人份）

冷凍飯糰丸子 6 個（每個重 40g）
梅花或五花涮涮鍋肉片 150g
熟玉米筍 6 根切段
蘑菇 4 朵切片
洋蔥切片 1/4 顆
焗烤用起司絲 60g
料理油 少許

調味料

料酒 1 大匙
鹽 1 小撮（咖哩和起司都有鹹味可略）
黑胡椒 1/2 匙
咖哩塊 2 塊
水 200ml

作法

❶ 將冷凍飯糰球鋪在烤皿中，烤箱預熱 180 度。

❷ 平底鍋加熱，加少許油，炒香洋蔥絲、續加入蘑菇和玉米筍，翻炒均勻。

❸ 加入切成一口大小的肉片，炒至肉色轉白，加酒翻炒。

❹ 加 200ml 水，再加入咖哩塊，拌炒使咖哩塊融化。

❺ 一邊翻炒，一邊調味，待咖哩變稠。

❻ 將咖哩醬均勻鋪倒在飯糰上，覆蓋錫箔紙，進已預熱的烤箱，烤 20 分鐘。

❼ 其上再鋪起司絲，烤箱調成 220 度，烤 5 分鐘待起司融化，趁熱享用。

湯品和湯飯糰

　　很多人用餐時無湯不歡,必須有飯和湯,才算是完整的一餐。的確,還有什麼比一碗熱騰騰材料豐富的湯品,更能撫慰飢餓的肚腸,並治癒疲累的身心?

　　冷食的飯糰更適合暖呼呼的湯品。介紹幾道依著四季挑選食材的簡單湯品,春天是蛤蜊番茄味噌湯,夏天是檸檬絞肉冬瓜湯,秋天是雞肉芋艿味噌湯,冬天則是豚汁。

　　喜歡茶漬泡飯或湯泡飯的朋友不妨試試湯飯糰。

　　一人獨食、帶便當或消夜時,只要將喜愛的飯糰和熱湯組合起來,就是幸福的餐點。飯糰可以是凸顯湯品風味的麻油薑、蘑菇飯糰,或是增加蔬菜量的蔬菜碎和豌豆飯糰,依據不同的湯品加入不同飯糰。飯糰和湯都可以事先做好冷凍,需要食用時再加熱組合即可。

檸檬絞肉冬瓜湯

夏天時沒什麼胃口，冷飲也喝多了，有時就是想喝一碗熱呼呼的湯，清爽當令的冬瓜湯最是消暑。利用絞肉免熬排骨高湯，是一道下班後回家馬上可以端出的湯。我在最後裝飾時加了香菜和檸檬片，既開胃又清爽，喝起來頗有泰式湯品的風味，喝過的人莫不嘖嘖稱奇，因為簡單好喝又特別。

材料（2人份）

輪切冬瓜 約1半
嫩薑絲 1塊
豬絞肉 200g
水 500ml

調味料

海鹽 適量

裝飾用料

嫩薑絲 泡水適量
香菜 1把
黃檸檬片 2片

作法

❶ 湯鍋加油，加入絞肉和薑絲拌炒至肉色轉白，嗆酒，注入清水。

❷ 冬瓜去皮切片，加入絞肉湯中。

❸ 轉大火煮滾，煮約 2 ～ 3 分鐘，撈除浮沫，轉中小火煮到冬瓜軟化。

❹ 加鹽調味。

❺ 分裝盛湯，裝飾嫩薑絲、香菜和檸檬片。

蛤蜊番茄小松菜味噌湯

番茄因為富含麩胺酸鹽，和各種食物都百搭，當然也可以入味噌湯作為湯料，再加上新鮮的蛤蜊，點綴些許微嗆的小松菜，是一道取代柴魚昆布高湯的超級省時又豐美無比的湯品。

材料（2人份）

蛤蜊 10 顆
牛番茄 小型 2 顆（或小番茄 8 顆）
小松菜 2 株
水 400ml
泡過水的蔥末 1 大匙

調味料

味噌 1 又 1/2 大匙（可混和自己喜愛的味噌）
味醂 1 大匙

作法

❶ 蛤蜊吐沙完成刷洗乾淨，番茄洗淨切成 6 片，如用小番茄則不用切。小松菜洗淨切 4 公分段。

❷ 煮鍋加水，加入番茄開中火煮滾，轉小火煮 3 分鐘。

❸ 再加入蛤蜊和味醂，待蛤蜊半開，加入味噌調味，再放入切好的小松菜，拌勻約煮 30 秒，熄火後上撒蔥末盛湯。

豚汁

深夜食堂的豚汁定食是不是讓你看著看著就餓了呢？一碗滿滿是料的味噌湯，在食堂裡配飯就是一份定食，符合日本提倡的一汁一菜的精神。在家做的重點是要用柴魚昆布高湯（市售的湯包也可）和注意調味，就可以做出層次感十足的美味湯品。一碗湯、一顆鹽飯糰就是一份很好的早餐或消夜。

材料（2人份）

豬五花肉片 150g，切成一口大小
豆腐 1/4 塊，切小塊
紅蘿蔔 2 公分段，去皮切半月形
白蘿蔔 2 公分段，去皮切半月形
牛蒡 用刀背去皮，切斜切成薄片
舞菇 1/2 包，去頭分小株
柴魚昆布高湯 500ml

調味料

太白胡麻油 1/2 大匙（如果用不沾鍋可不加，因為五花肉有油脂）
味噌 2 大匙
醬油 1 大匙
味醂 1 大匙

裝飾用料

泡過水的蔥末 1 大匙
白芝麻 1 小池
芝麻油 2 小匙

作法

❶ 湯鍋加太白胡麻油，炒五花肉，嗆酒，再將紅白蘿蔔、牛蒡片和舞菇下去同炒。

❷ 注入高湯，大火煮滾，撈除浮沫。

❸ 加入味醂、醬油，和溶入 1/2 份量的味噌拌勻，滾煮 3 分鐘後撈除浮沫，轉中小火，煮 15 分鐘。

❹ 轉大火，再撈浮沫，加入剩餘味噌，拌勻，熄火。盛碗，加入洗過的青蔥末和白芝麻，再倒一點芝麻油添香。可酌添七味唐辛子，更美味。

雞肉芋芛味噌湯

在日本，芋芛常和豬五花肉以及蒟蒻一起做成味噌湯，有人甚至喜歡隔餐再加熱過的湯，因爲芋芛的澱粉會化開，湯更加濃郁香醇。

材料（2人份）

芋芛 4～6 顆，去皮切半
雞腿肉 150g，切成 1 口大小
鮮香菇 2 朵切片
蒟蒻 4 片
柴魚昆布高湯 400 ml
蔥段 1 枝

調味料

味噌 1 又 1/2 大匙
料理酒 1 大匙
味醂 1 大匙
醬油 1 小匙

作法

❶ 湯鍋加油，炒雞腿肉至肉色轉白，嗆料酒，加入香菇同炒。

❷ 加入高湯，滾起後再加入芋芛和蒟蒻，加入味醂和醬油，轉中小火煮至芋芛軟化。

❸ 加入味噌，待味噌全溶化，點綴蔥段，即可起鍋。

湯飯糰

飯糰煎麻油肉片湯

我們都愛用麻油湯拌飯，何不直接把白飯捏成飯糰，再澆淋上熱熱的麻油湯？飯糰煎的想法來自於麵線煎和日式烤飯糰。在三角飯糰裡拌入麻油薑，再用黑麻油煎過，本身已噴香誘人。放在碗中，再澆淋上有蔬菜、肉片的麻油肉片湯，吃完全身暖呼呼，手腳冰冷時吃很適合。

香煎麻油薑飯糰材料（2個份）

溫熱白飯 2 碗（320g）

麻油薑（市售品） 1 大匙

麻油 1 大匙

作法

❶ 麻油薑瀝油，拌入白飯，再分成 2 等份，握捏成 2 個飯糰。

❷ 鍋中加麻油加熱，將飯糰兩面煎金黃。

麻油肉片湯材料（2人份）

小里肌肉片 150g

肉片醃料

鹽 適量

純米酒 1 大匙

太白粉 1/2 小匙

老薑 1 段

鴻喜菇 1/2 株或鮮香菇 3 ～ 4 朵

熱高湯 400ml

調味料

黑麻油 3 大匙

純米酒 3 大匙（斟酌添加，作為早餐可減量或不加）

鹽 適量

作法

❶ 小里肌肉切片，加純米酒、太白粉及鹽醃漬。

❷ 老薑切薄片。

❸ 平底鍋加麻油，小火煎焙薑片，直至薑片乾燥彎曲。

❹ 加入肉片和菇類同炒，注入米酒和熱高湯，滾起，撈除浮沫。

❺ 轉小火煮 5 分鐘，加鹽調味即可。

❻ 分裝 2 碗，各放入 1 個飯糰。

豆乳湯咖哩飯糰

孩子們都愛的咖哩，也可以調成湯咖哩，我加了豆漿，味道更加溫醇且營養。

菠菜飯糰材料（2個份）

溫熱白飯 200g
菠菜（或小松菜） 2 株
調味用鹽 1/3 小匙
手鹽 適量

作法

❶ 菠菜洗淨，汆燙擠乾水分，切碎後加鹽調味。

❷ 將切碎的菠菜加入白飯內，混拌均勻，均分成 2 等份。

❸ 手沾濕，抹開手鹽，再將飯握捏成三角形。

豆乳湯咖哩材料（2人份）

洋蔥（切末） 1 個
生薑（切末） 1 小段
奶油 1 大匙
咖哩粉 1 又 1/2 大匙
麵粉 1 大匙
高湯（可用水代替） 400ml
淡口醬油 2 大匙
鹽 1/2 小匙
糖 2 小匙
豆漿 1 杯
魚板 6 片
豆皮 2 片
蔥絲泡水 適量

作法

❶ 平底鍋加奶油，將洋蔥末炒成半透明，再加入薑末一起炒香，直到洋蔥變淺褐色。

❷ 加入麵粉和咖哩粉一起用小火炒，注意不要炒焦，注入高湯。

❸ 加入魚板和豆皮，煮滾後，再加入豆漿、糖和薑絲，轉小火，待微微滾起即可熄火。

❹ 碗中放菠菜飯糰，再注入湯咖哩，在飯糰上裝飾泡水的蔥絲，趁熱享用。

奶汁燉雞飯糰

暖呼呼的奶汁燉雞，大人小孩都愛，自家製的白醬清爽
中帶著濃郁，蔬菜可以換成各自喜愛的根菜類，是寒冬
裡，讓全家人都暖和起來的應景湯品。早餐吃也很好，
冬季時更常被愛女點餐，只要用保溫罐盛裝奶汁燉湯，
飯糰另外放在盒子裡，配著吃，好溫暖療癒。

豌豆飯糰材料（2個份）

溫熱白飯 200g

豌豆 2 大匙

鹽 適量

手鹽 適量

作法

❶ 豌豆汆燙 30 秒，泡冷開水，瀝乾後加鹽調味。

❷ 將豌豆加入白飯內，混拌均勻，均分成 2 等份。

❸ 手沾濕，抹開手鹽，再將飯握捏成三角形。

奶汁燉雞材料	雞腿肉醃料	白醬	調味料
去骨雞腿排 1 片	白酒 1 大匙	奶油 30g	鹽 1 小匙
	鹽 1 小匙	麵粉 30g	白胡椒 適量
	馬鈴薯 1 個	牛奶 300ml	肉豆蔻 少許
	大白菜 1/8 棵		黑胡椒 適量
	洋蔥 1/2 個		
	蘑菇 10 朵		
	胡蘿蔔 1/2 條		
	植物油 1 大匙		
	水 2 杯		
	月桂葉 1 片		

作法

❶ 大白菜洗淨，分切菜梗和菜葉，再縱切成長條狀。

❷ 洋蔥切扇狀，蘑菇視大小切對半或 1/4，馬鈴薯、胡蘿蔔去皮切滾刀塊。

❸ 雞腿肉切成一口大小，加白酒和鹽醃 15 分鐘。

❹ 熱鍋，加入油，將雞腿肉兩面煎焦黃，起鍋備用。

❺ 原鍋炒香洋蔥，續下胡蘿蔔和蘑菇，加入 2 杯水，開大火煮滾。滾起後加入雞腿肉後再煮滾，轉小火，加入月桂葉，加蓋燉煮 10 分鐘。

❻ 蔬菜雞湯鍋中加入馬鈴薯塊和白菜梗，再煮 10 分鐘。

❼ 另取一鍋，熱鍋融化奶油，加入麵粉，炒香麵粉奶油糊，至無生粉味。

❽ 一口氣加入微滾約 80 度的牛奶，一邊小火加熱，一邊用打蛋器攪拌，直到濃稠，注意別讓鍋底燒焦。

❾ 將白醬倒入蔬菜雞湯鍋中，拌勻後開中小火煮滾，再轉小火煮 10 分鐘，偶爾需攪拌一下。

❿ 加入白菜葉，續煮 5 分鐘，再嘗味道，以鹽和黑胡椒調味，可磨一點肉豆蔻增香。。

⓫ 將飯糰放進碗中，注入熱湯。

義式蔬菜湯飯糰

義式蔬菜湯加了各種蔬菜，因此湯頭非常鮮甜。沒有特定的材料，高纖營養，配麵或飯都很適合，是我們家的常備湯品，非常推薦給沒有時間攝取蔬菜的人。

巴西里蘑菇奶油飯糰
材料（2個份）

溫熱白飯 200g

蘑菇 3 ～ 4 朵

義大利巴西里葉 2 小匙

奶油 10 克

鹽 適量

黑胡椒 適量

手鹽 適量

作法

❶ 蘑菇擦乾淨，切片，用奶油炒香。加鹽和黑胡椒調味。

❷ 義大利巴西里葉切碎。

❸ 將炒好的蘑菇和巴西里葉碎末加入白飯內，混拌均勻，均分成 2 等份。

❹ 手沾濕，抹開手鹽，再將飯握捏成三角形。

義式蔬菜湯材料

培根 2 片

洋蔥丁 80g

大蒜（切碎） 1 瓣份

西洋芹 2 支

胡蘿蔔（小） 1 條

櫛瓜（小） 1 條

馬鈴薯（中） 1 個

整粒番茄罐 1 罐

蔬菜高湯 2L

初榨橄欖油 2 大匙

羅勒葉 1 把

作法

❶ 培根順著短邊切 1 公分細條，西洋芹撕去粗纖維，切成 1 公分小丁。胡蘿蔔削皮，切成 1 公分小丁。櫛瓜切成 1 公分小丁。馬鈴薯去皮，切成 1.5 公分小丁。

❷ 厚底燉鍋中加油，炒香培根、洋蔥丁、大蒜，加入西洋芹、胡蘿蔔續炒，至散發出香味。

❸ 加入番茄罐頭繼續翻炒。

❹ 加入櫛瓜丁和馬鈴薯丁拌炒後，注入蔬菜高湯，煮滾後轉小火，蓋上鍋蓋燉煮 1 小時。

❺ 將飯糰放進碗中，注入熱湯，加上羅勒葉。

附錄
手作飯糰
煩惱相談室

　　意外地發現，即使料理已經很上手的朋友，仍覺得手作飯糰很苦手。

　　主講過幾場學校和荒野親子團的講座，以及在便當課教了手作飯糰後，發現很多人覺得手作飯糰不容易。

　　近來YouTube當道，即使有教手作三角飯糰的影片，多以模型、保鮮膜代之，大家看了還是難以成功複製。

　　於是在2018年11月27日，我開了第一堂專門教手作日式飯糰的實體課程。多年下來，累積超過2000人次來上過日式飯糰初階，在此就我上課的經驗，列出同學最常提問的學習痛點和煩惱，與大家分享。

Q1 做飯糰需要熱飯還是冷飯？

熱飯。飯在溫熱的情況下握捏成飯糰塑形容易、比較漂亮平整，並保有飯粒蓬鬆的空氣感。冷飯會變硬甚至凝結成團，難以塑形，或即使塑成形，表面亦會不平整。

Q2 飯太熱，手無法承受怎麼辦？

可以將飯先盛到已沾濕的平茶碗，用手輕輕將整團飯翻面並讓飯表面接觸到碗的表面，重複3到4次。這個作法的好處可謂「一石二鳥」：一讓飯表面冷卻，二讓飯表面平整光滑。另外有人的作法是在飲用水中加冰塊，讓雙手先冷卻。

Q3 力道該如何拿捏，才能讓飯糰漂亮成形，又不致太緊變成米糕？

飯糰的日文「おにぎり」寫成漢字為「御握り」。握，是讓手指手掌形成模具般，將飯糰輕輕地握在其中而成形。首先讓飯糰表面的米粒固定緊實，再有節奏地讓飯糰在兩手間，輕輕地邊轉動邊調整形狀。

切勿因一味在意形狀，而過度用力捏塑。溫柔握捏出來的飯糰才會讓表面固定，內裡的飯粒蓬鬆且粒粒分明。

Q4 為什麼照著老師的方法沾水又加手鹽，米粒還是不聽話，黏不起來？

請檢查雙手是否殘留過多水分，可以準備一條濕布巾，擦拭手掌，手保持適度水分又不會太濕。

Q5 為什麼要用手鹽，而不直接加鹽在飯裡？

飯糰是一種口中調味的食物，飯糰表面的手鹽可帶來層次感。既可品嘗米飯的原味又可吃到鹽味，以及鹽與飯的混和後，鹽粒帶出來的米飯香甜感，原理如同將西瓜撒鹽來吃一般。將鹽混加在飯中因鹹味被稀釋，反而容易越加越多鹽而不自覺。

建議使用礦物質豐富不死鹹的自然鹽，如日晒鹽、岩鹽、海鹽和湖鹽等，讓你的手握飯糰更美味。

Q6 為什麼我混拌餡料在飯裡，做成飯糰後很容易裂開或散開？

請務必避開不會生水的食材，並確實去水去油。拌餡料時需盡量拌勻，平均散布在飯粒間。太大團餡料會因為沒有米飯的黏著而散開，建議可將整顆飯糰用海苔完全包覆，即可包裹固定飯糰，且可增添風味。

Q7 早上做的飯糰，晚上還可以吃嗎？

如果離製作久一點的時間才能享用，請使用保冷劑保持飯糰的溫度，降低雜菌的產生。另外可添加防腐敗的鹽梅或在手水中滴幾滴醋。

Q8 外出時用什麼裝飯糰比較好？

有包海苔的飯糰如果用保鮮膜包，海苔會沾黏在保鮮膜上，建議用錫箔紙包飯糰。

也可以直接放在保鮮盒或便當盒中，其中尤以木或竹製便當盒可吸水氣尤佳。

現在有新材質矽膠製品，做成三角形狀，具有冷凍保存、復熱和攜帶三種用途。

Q9 飯糰可以一次做起來，放冰箱保存嗎？該如何保存和復熱？

可以。但和飯一樣，請趁溫熱用保鮮膜包妥，放冷凍庫冷凍。復熱以微波爐解凍加熱，和現做的一樣好吃。

Q10 請問白飯一定要冷凍嗎？不可以冷藏嗎？

冷藏室的溫度2℃～4℃正是澱粉老化的最佳溫度區間裡，已經 α 化（糊化）的澱粉，長時間放在低溫環境，緩慢加重地 β 化（老化）。

澱粉老化的溫度順序：冷藏 (5℃) >室溫 (20℃) >冷凍 (-18℃) >電子鍋 (70℃)。

因此，請冷凍保存米飯。

※資料來源：〈澱粉質食品の老化に関する研究 (第1報) 米飯の老化について〉松永曉子, 貝沼圭二：家政学雑誌, 653, 659, (1981)

Q11 熱熱的白飯可以直接放進冰箱嗎？本身不會因為水氣凝結而腐壞嗎？不會影響其他冷藏食品的溫度嗎？

食物在室溫最容易滋生細菌外，米飯也容易在室溫老化。所以米飯在細菌及老化孳生的臨界溫度約50℃～60℃區間，放冷凍保存，加速冷卻最佳。

水氣對米飯來說是好事，避免乾燥老化。如果怕影響其他食物的溫度，建議：

1. 與其他冷凍食物保持距離。

2. 使用變頻電冰箱。

3. 使用有獨立急速冷凍功能的冰箱。

Q12 我們家習慣吃熱熱的白飯，希望隨時有熱飯可以吃，可以把白飯放在電子鍋裡保溫嗎？

電子鍋的保溫溫度大約70℃～72℃左右，大同電鍋則是50℃～52℃左右，但是白飯長時間在高溫狀態下容易變黃、變硬，嚴重影響風味。建議冷凍保存，要吃之前再加熱最佳。

Q13 米洗好瀝乾，卻臨時有事無法立刻炊煮，該如何處理？

請裝在密封袋或罐中，置於冷藏室，在24小時內炊煮完成。

Q14 米如何儲藏？

CAS食米之貯藏建議

台灣地區高溫多濕，尤其夏季高溫，極易造成白米品質劣變。就台灣地區不同包裝型態之白米，於開封前之保存有效期限，有以下建議：

1.以真空包裝或充二氧化碳包裝者：

· 在5℃～10℃或15℃～20℃中儲存者，保存期限為 8 個月。

· 在室溫儲存者為 5 個月。

2.以一般小包裝者：

‧在5℃～10℃中儲存者，保存期限為 3 個月。

‧在15℃～20℃中儲存者，保存期限為 2 個月。

‧室溫儲存者其保存期限，夏季為 1 個月，冬季為 2 個月。

消費者購買小包裝白米時，應考慮食用量，不宜一次買回太多。購買時應認明碾製日期及保存期限，且未開封未能於短期內使用完之白米，應置於冰箱中，較能確保白米之新鮮度及香Q之口感。

Q15 舊米可以吃嗎？

不是不行，但是沒有那麼好吃，顏色變黃、沒有光澤感、乾硬且有一股臭味。建議做成調味的飯，如義式燉飯、中東香料飯或是西班牙海鮮飯，或和新米混和調味成壽司飯。

附錄 來自各方的迴響

Yolanda van Tessel：

I attended the onigiri class with my daughter in law. And although I was the only participant not speaking Mandarin, I had a great time. The instructions were very clear and the examples very inspiring. Aurora offered everybody individual attention and made sure that we understand how to make a beautiful onigiri. The used products were outstanding and she gave a lot of tips. In the future I hope to attend another class. And I would recommend everybody to try when in Taiwan.

Fifi：

將老師不藏私的飯糰小技巧捏成孩子喜歡的口味，
看家人吃的滿足就是我上課的收穫。

Lee：

孩子總是滿心期待著媽媽一顆顆親手捏的飯糰。還
沒上老師的課時，使用傳說中好用的模具，但加了
餡料的飯糰能否順利成形靠的是運氣，再看到沾黏
在模具上的飯粒就心煩。上了老師的課後，認識了
好米，也捏出滿滿餡料的飯糰，好開心。

Karen：

做飯糰的開心，都在孩子的笑容中呈現！

Susie：

因為上極光老師的課，讓我除了學會手捏飯糰之外，也開始認識台灣各種不同米的美好滋味。

何寬澧：

捏飯糰是件療癒的事。輕輕地捏、緩緩塑形，即可完成。

彭育孋：

我的作品。

Apples：

照片是三年前跟和老師學飯糰後成品的對比。一開始還握得亂七八糟，當時老二還是剛上小班帶著圍兜兜吃飯的年紀，老公因為每季須國外出差一週多，一打二的兩個男寶媽媽想到吃飯就頭痛。

後來第一次帶著握飯糰出門，兩小玩得滿頭汗還大喊肚子餓時，其他媽媽要拖著哀嚎的孩子回家，我們可以直接在公園椅子上打開便當盒吃午餐，就算弟弟吃到掉得到處都是，但吃完都意猶未盡地說還要。

最重要的是，吃完洗好手，又可以繼續在公園跑跳，對當時每天都一打二的媽媽簡直是短暫的解脫。

冠文：

飯糰，可以是清冰箱料理，也可以是精心準備的豐富美饌，透過極光老師不藏私地用心指導，零廚藝也能輕鬆入手！

Tingpei：

晚餐時刻奄奄一息鬧不舒服的孩子，被鹽味飯糰撫慰，單純的鹽花更能品出米飯的美味，謝謝老師的指導與分享。

璨今：

煮飯、調味、備料，拌料、塑形、上桌，一次次的療癒進行式，從其中得到全然的釋放。謝謝極光！

Ariel Yeh：

與老師的飯糰課結緣後，不必再仰賴模型便能捏出色香味兼具的飯糰，並認識各米種特性，創造出更多健康美味的米料理。

Emily Huang：

從飯糰課愛上各種台灣米的滋味，老師教會我依當令食材、不同料理方法，讓美食和健康可以劃上等號。現在家人對「今日菜單」時時充滿期待。

依萍：

上了老師的飯糰課後，我總算成功解鎖包餡飯糰不漏餡的好方法了，做給小孩當早餐又營養又有飽足感，謝謝老師～～

Peggy：

沒想到飯糰可以如此變化多端，此外米種的不同，做出來的成效也大不同，極光老師的飯糰課不只學料理，也讓我們學到很多小知識，非常實用，融入日日餐桌，家人都受惠！

Lan,Wu-Chuan：

在極光老師的課堂上，總能真切的感受到老師傾囊相授的迫切心意；老師對米食除了熱愛，更是鑽研至深，怕叨唸米飯的種種會令我們會厭煩，其實是聽得津津有味呀！也讓本是門外漢的我、隊友及孩子們成為飯糰迷，媽媽的冷便當也自此更繽紛多元了起來。謝謝極光老師待我們像疼愛女般，用情又窩心。

Sammi：

看見米糕飯糰時，滿滿的回憶湧上心頭，因為「台南」是我的故鄉。上過老師的課後，很開心這懷念的味道在家也能輕鬆複製。

美華：

上過老師的飯糰課後，才知道原來做飯糰只要自己的一雙手，就可捏出好吃好看的飯糰了，謝謝老師的無私分享。

玉婷：

上了老師的飯糰課後，讓我在家人和同事心目中，頓時晉升為小廚神似的，不僅能捏出好看好吃的飯糰，對於各品種的白米，也能如數家珍般地說明其特色與適用的料理，讓我的米食料理又提高到另一個層次，實在令人驚豔自己的成長與進步！

純純：

多麼可愛的手，沾著的是一粒粒晶瑩剔透的台灣在地好米，然後餐桌上綻開了一朵朵玫瑰小飯糰，還有行蹤隱密的三角披風忍者。雖然垂涎欲滴，卻捨不得送入口，而這一切始於極光家手作飯糰課。

www.booklife.com.tw　　　　　　　　reader@mail.eurasian.com.tw

TOMATO 077

極光飯糰手習帖：免基礎、零失敗的140道超人氣料理

作　　者／極　光
發 行 人／簡志忠
出 版 者／圓神出版社有限公司
地　　址／臺北市南京東路四段50號6樓之1
電　　話／（02）2579-6600・2579-8800・2570-3939
傳　　真／（02）2579-0338・2577-3220・2570-3636
副 社 長／陳秋月
主　　編／賴真真
專案企畫／賴真真
責任編輯／林振宏
校　　對／林振宏・歐玫秀
美術編輯／金益健
行銷企畫／陳禹伶・林雅雯
印務統籌／劉鳳剛・高榮祥
監　　印／高榮祥
排　　版／莊寶鈴
經 銷 商／叩應股份有限公司
郵撥帳號／ 18707239
法律顧問／圓神出版事業機構法律顧問　蕭雄淋律師
印　　刷／國碩印前科技股份有限公司
2023年6月　初版

定價 450 元　　　　　ISBN 978-986-133-875-0

手握飯糰正是用米飯書寫的情書，連結風火水土，
連結這片土地上重要的人與情、事與物。

——《極光飯糰手習帖》

◆ **很喜歡這本書，很想要分享**

圓神書活網線上提供團購優惠，
或洽讀者服務部 02-2579-6600。

◆ **美好生活的提案家，期待為您服務**

圓神書活網 www.Booklife.com.tw
非會員歡迎體驗優惠，會員獨享累計福利！

國家圖書館出版品預行編目資料

極光飯糰手習帖：免基礎、零失敗的140道超人氣料理 / 極光著. -- 初版. --
臺北市：圓神出版社有限公司, 2023.06

304 面；14.8×20.8公分 -- （Tomato；77）

ISBN 978-986-133-875-0（平裝）
1.CST：飯粥 2.CST：食譜
427.35   112005178